北京沟域
药用植物栽培技术手册

◎ 北京市农业技术推广站　组织编写

李琳　朱莉　主编

U0364162

中国农业科学技术出版社

图书在版编目（CIP）数据

北京沟域药用植物栽培技术手册/李琳，朱莉
主编 . -- 北京：中国农业科学技术出版社，2016.1
　ISBN 978-7-5116-2480-2

　Ⅰ.①北… Ⅱ.①李… ②朱… Ⅲ.①药用植物—栽
培技术—技术手册 Ⅳ.① S567-62

中国版本图书馆 CIP 数据核字（2016）第 003558 号

责任编辑　于建慧
责任校对　马广洋

出 版 者　中国农业科学技术出版社
　　　　　北京市中关村南大街 12 号　邮编：100081
电　　话　（010）82109194（编辑室）（010）82109704（发行部）
　　　　　（010）82109703（读者服务部）
传　　真　（010）82109708
网　　址　http://www.castp.cn
经 销 者　各地新华书店
印 刷 者　北京富泰印刷有限责任公司
开　　本　889mm×1 194mm　1 /32
印　　张　4
字　　数　137 千字
版　　次　2016 年 1 月第 1 版　2016 年 1 月第 1 次印刷
定　　价　19.80 元

《北京沟域药用植物栽培技术手册》
编委会

前 言
PREFACE

2001 年开始，北京山区调整并退出资源型、污染型产业，关闭了70%的固体矿山，"靠山吃山"、传统的、粗放的山区经济发展模式成为历史。那些曾以资源开采为经济发展动力的地区，承受着产业转型带来的地区经济受挫、农民收入下降、替代产业发展缓慢等不利影响。为此，以改善山区生态环境、引导农民走出一条有利于生态和农民增收的循环经济道路为目标，北京市提出了崭新的沟域经济发展模式。

北京市中药材种植主要集中在西北部山区沟域内，在沟域景观建设中起着重要的作用，可以作为生态作物、景观作物和经济作物。随着沟域经济和都市农业的发展，目前北京市中药材种植趋向于集生态、观赏和高效一体的种类，如金银花、板蓝根、菊花、射干、牡丹、芍药等。北京各地也陆续引入观赏中药材进行沟域景观建设，在沟域景观建设过程存在着以药用植物为主形成的大田景观、园区景观、林下景观和点缀景观。为了推广这些药用植物在农田景观营造中的应用，便于在生产上提供指导，是我们编写和出版本书的初衷。

本书结合"产业融合提升沟域经济发展"科技示范项目成果，除前言外，由四章组成。第一章为北京地区药用植物概况，介绍了药用植物在北京地区的产业概况。第二章常见的景观药用植物种类进行了介绍，包括红花、青葙子、板蓝根、黄芩、桔梗、射干、药菊、丹参、芍药、瞿麦、知母、金银花、五味子、玫瑰、牡丹、连翘等十六种药用植物的植物特性、生活特征、药用价值等。第三章对景观药用植物栽培技术进行了介绍。第四章对景观药用植物的典型应用案例进行了介绍，包括药用植物在创意景观、主题园区、科普教育、专业乡村和道边点缀等景观方面的应用。

主要参考文献以作者姓名的汉语拼音顺序排列。同一作者的文献，则以发表年代先后为序。所引文献皆为在正式发行刊物上发表的文章和由出版社出版发行的书籍。未公开发表和内部刊物的文章不作为引用文献。

　　读者对象主要是从事沟域农田景观营造的推广人员和休闲农业园区建设的相关技术人员，也适于从事药用植物种植的农户阅读。

　　限于作者水平，不当或错误之处敬请同行专家和读者批评指正。

目 录
CONTENTS

第一章　概况

第二章　景观药用植物常见种类

第三章　景观药用植物栽培技术

第四章　药用植物景观应用典型案例

第一章

概况

- ◎ 北京地区药用植物
- ◎ 药用植物在沟域景观中的应用

◎ 北京地区药用植物种植概况

　　中药材种植在北京地区颇有历史，素有"国药"、"京药"等美誉。20世纪50年代，卫生部为缓解药材资源供应紧张情况，提出"南药北移，北药南种；就地生产，就地供应"的指导原则，得到了全国药材主管部门的积极响应。北京市药材公司在昌平县小汤山八仙庄一带建立了数千亩药材种植养殖场，进行中药材的种植和养殖。60—70年代农村发展合作医疗，不少农村医疗站都种植了中药材。90年代末以来，伴随郊区种植业产业结构调整，药材生产开始正式起步。

　　进入21世纪，随着中医药事业的发展，郊区农民种植中药材的积极性提高，2002年，药材种植面积达到历史最高水平10万亩，之后呈波动下降的趋势。目前，北京市的地道药材种植包括黄芩、西洋参、玫瑰花、板蓝根等。

北京药用植物资源分布现状

北京地区的野生药材资源较为丰富，据1983年全国第三次中药材资源普查资料：北京地区野生中药材有148科，521属，901种。主要的中药材品种有：黄芩、知母、苍术、酸枣仁、益母草、玉竹、瞿麦、柴胡、地黄、远志、槐米等。前几年的主要种植品种包括黄芩、金银花、西洋参、玫瑰花、板蓝根、菊花、牡丹、射干、远志、甘草等，分布于延庆、门头沟、怀柔、密云、平谷、房山等区县。调研发现，北京地区的中药种植资源在分布区域、主栽品种及其面积方面，与2010年相比有所变化。

1　分布区域

通过各区县推广站（农科所）的调查，对较大规模的药材种植面积进行统计，2014年北京市药材种植总面积约为67020亩，与2010年的10万亩相比大幅缩减，部分原因是药材大多忌重茬，刨收后原地块无法种植，导致种植面积锐减。北京的药材种植资源主

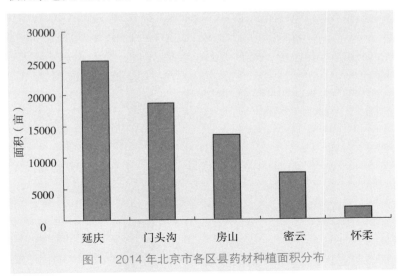

图1　2014年北京市各区县药材种植面积分布

要分布于各山区县，包括延庆、门头沟、房山、密云和怀柔，种植面积分别为 25366 亩、18694 亩、13602 亩、7450 亩、1908 亩（图1）。其中，延庆是种植面积最大的区县，占全市总面积的 37.76%，比重较往年有所下降；门头沟次之，占 27.83%。

2 种类分布情况

北京种植面积超过 3000 亩的药材种类包括黄芩、玫瑰、金银花、板蓝根、菊花。与过去相比，黄芩、玫瑰和板蓝根 3 种药材依旧保持较大的种植面积，尤其是黄芩，种植面积仍保持在 30000 亩以上，占 2014 年药材总种植面积的 49.86%。五种主要种类中除板蓝根之外，都以茶用为主，说明药材生产在种类选择上趋向于逐步适应都市型现代农业的市场需求。

五味子和葛根是近几年面积增长较快的药材种类，种植面积超过 1000 亩。其中，五味子主要分布于延庆井庄镇王仲营村，葛根主要分布在房山长沟镇三座庵村，二者都是经济价值较高的药材种类。

种植面积在 500~1000 亩的药材种类有牡丹、芍药、西洋参、丹参、桔梗、刺五加和山药，除西洋参之外均作为观赏用或药用蔬菜，说明近年来药材的观赏和食用功能逐渐得到关注。西洋参作为北京的道地药材，因为根结线虫、重茬等问题，种植面积萎缩了近20 倍。

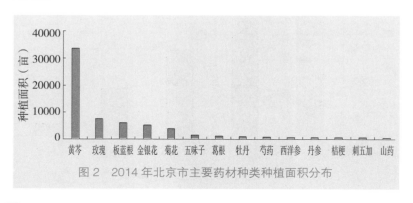

图 2　2014 年北京市主要药材种类种植面积分布

另外，北京还种植有防风、猪苓、柴胡、天南星、苦参、川芎、白术、百合、射干、景天、枸杞、欧李、紫苏、远志、黄芪、白芷、瞿麦、甘草、金莲花等种植规模较小药材种类。

栽培管理及初加工情况

针对药材栽培管理者，调研组针对规模较大的种植者发放了共40份问卷，围绕管理与经营主体的特点与水平，开展了相关调研。由于药材栽培管理较为粗放且栽培年限较长，或无专人管理记录栽培情况，或栽种后多年不收获，因此仅回收有效问卷17份，具体结果如下。

1 管理与经营主体

北京地区的药材种植一般分布在以农业为主要收入途径、青壮劳动力外出打工的村子中。根据受访的20份有效问卷的结果，药材种植村的平均人口数在1086人左右，劳动力数量约为403人，人均年收入为8433元。药材的栽培管理人员一般为老年劳动力，

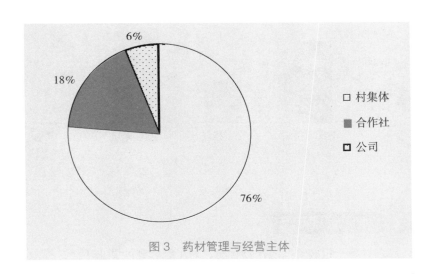

图3　药材管理与经营主体

年收入低且数量较少。

这 17 个村中，近 90% 的药材是由政府项目牵头发展起来的，只有 4 个村成立了专门的合作社或相关公司，承担药材的栽培管理和产品的初加工与销售，其余的 76% 均由村集体负责种植，种植和管理的积极性并不高。

2　播种环节

在种子种苗的质量方面，药材种子或种苗一般购于安国市，极少数自留种。种植户普遍反映，种子种苗价格波动大，质量不一，需多次补种才能全苗。有的用于造景的药材，还存在品种混杂、影响景观效果的问题。

在播种技术方面，北京地区药材以种子直播的面积最大，占 60.82%。种子直播较省人工，但播深和播量过大、出苗不齐是普遍存在的问题。虽然北京市农业技术推广站在前两年做过黄芩播种技术的相关研究，但研究结果并未推广。药农的播种技术和水平仍处于自我摸索的落后阶段。育苗移栽的面积次之，占 31.55%，多用于观赏型和木本药用植物的繁殖。

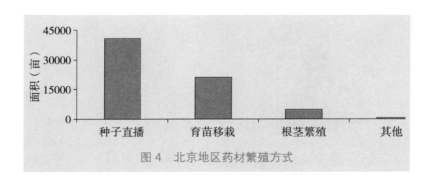

图 4　北京地区药材繁殖方式

3　水肥管理环节

药材属于粗放管理的作物种类，对水肥管理的要求不严。播前一般施入有机肥作为底肥，用量在 250~500 千克/亩不等。整地方式以旋耕为主，占 88.24%，其余进行翻耕或深松。

在水分管理方面，59.22% 的药材因水浇条件的限制，全生育期不进行灌溉，仅靠降雨维持。其余药材一般在播种后小水灌溉，根据水浇条件不同，灌溉次数、灌溉量不定。

4　病虫草害防治环节

北京地区的药材在春季播种，或雨季时等雨播种，草害较为严重。但调研过程中发现，杂草的防治基本上都靠人工拔除，很少使用化学除草剂。个别种植户利用小型除草机、生草覆盖等物理措施进行防治。病虫草害高效防治将是药材种植的关键研究问题之一。

5　采收环节

受访的 17 个村的药材种植地中，57.23% 为林下，41.31% 在坡地，其余的在平原地区。小型机械普及率低，虽然市推广站从 2008 年开始从河北省安国市和安徽省亳州市引进中小型播种机、小型除草机、大型收获机、机动打蕾机等一系列农业机械，使药材种植的机械化水平有所提高，但多数药材仍以人工采收为主，尤其是金银花，但因人工耗费过大，种植面积与前几年相比有所降低。

6　初加工水平

以茶用为主的药材，例如，黄芩、金银花、玫瑰、菊花等在种植规模较大、药材效益较突出的种植村中，一般配备有烘干设备；规模较小的种植户，初加工方式以晾晒为主。以根茎入药的药材，多数以鲜品在地头被安国药商收购，很少进行加工。

投入产出情况

1 投入分析

分析问卷中不同药材种类的投入情况，天南星、白芷等名贵药材的种子种苗投入比例最高；普通药材生产过程中人工投入比例最高。例如，黄芩在种子种苗无政府补贴的情况下人工投入占比达到 30%~60%，金银花达 15%~65%，平均 40% 左右。种子种苗投入在总投入中所占比重也较高，很多种植户都有政府项目资助，减轻了经济负担和种植风险，但同时也一定程度减弱了药农种植的主动性和积极性。

2 产出分析

因为多靠政府项目资助，多数种植户播种之后，管理粗放，又因药材种植年限较长，地块经常处于无人看管的野生状态。普通药农争产量、夺效益的观念较弱，只有园区和专业合作社对药材的产量、加工量和效益进行了简单统计，并且因栽培环境和管理条件及水平的差异，不同种植地块的产量差异很大。以黄芩为例，其根产量 50~200 千克/亩不等，茶产量根据采茶强度的不同，差异更为显著。经济效益又根据产品的种类和收获的渠道有所差异，以金银花为例，房山务滋的金银花多数烘干后以 50 元/千克的价格被药厂收购，少数制成金银花茶，包装后以近 500 元/千克的价格进行销售，还有少部分以 15~20 元/千克鲜花的价格供游客采摘。

往年黄芩茶和金银花的市场需求较大，药农的收益较高，因此茶用的药材近几年面积逐渐增加，成为北京地区药材种植的主导。但 2014 中央反腐倡廉行动以来，茶叶及其他农副产品的市场需求快速压缩，许多药农的黄芩茶、金银花茶、玫瑰花茶、菊花茶等产品都出现了库存压力，产品单一、雷同、精深产品缺乏也是造成销路受阻的中药原因。

◎ 药用植物在沟域景观中的应用

  2001 年开始，北京山区产业结构调整，资源型、污染型产业退出，关闭了 70% 的固体矿山，"靠山吃山"、传统的、粗放的山区经济发展模式成为历史。那些曾以资源开采为经济发展动力的地区，承受着产业转型带来的地区经济受挫、农民收入下降、替代产业发展缓慢等不利影响。为此，以改善山区生态环境、引导农民走出一条有利于生态和农民增收的循环经济道路为目标，北京市提出了崭新的沟域经济发展模式。

  北京市中药材种植主要集中在西北部山区沟域内，在沟域景观建设中起着重要作用，可以作为生态作物、景观作物和经济作物。以金银花为例，金银花主根粗壮，毛细根密如蛛网，枝条蔓生，叶面积密度大，不仅能保持水土流失、绿化环境，还能够吸收有害气体和有害元素，置换出大量的氧气，有效降低噪音、降低湿度、减少蒸腾、增加温度等，是山区开发、净化空气、保护生态环境的理想植物。金银花耐盐碱，适宜与其他高大的木本药用植物间作，适于攀附于庭园围篱起绿化作用，其柔韧的藤还能随意扎成新颖别致的造型；金银花的老茎可用于盆景制作，特别是变色的立本亚特二号金银花，花蕾由紫红变大红、粉红，花香四溢，四季常青，是集家庭观花、绿化、药用为一体是奇特品种。

  随着沟域经济和都市农业的发展，目前北京市中药材种植趋向于集生态、观赏和高效一体的种类，如金银花、板蓝根、菊花、射干、牡丹、芍药等。北京市各地区也陆续引入观赏中药材进行沟域景观建设，在沟域景观建设过程存在着以药用植物为主形成的大田景观、园区景观、林下景观和点缀景观。

大田景观

大田景观以生产为主，基本保留原有的地形、地势、地貌，对自然的改造很小，农田依地势而成，不强调成形，无所谓方格化、笔直化、统一化；农作物的种植也不需强调整齐和色彩搭配，按生长规律的变化而变化。体现的是自然之美，即农田的大小、形状是自然的，农作物的种植是适宜的，林带的走势是自然的，生产设施的布局是自然的，实现点、线、面、色彩的自然排列和组合。

大田景观以人为主体，在不破坏生态平衡的前提下，以方便生产、提高农作物产量为主要目标。"田成方、林成网、路相通、渠相连"各要素组合井然有序，脉络清晰，标志鲜明，给人以活动的便利和视觉的快感。

目前，北京市药用植物大田景观以板蓝根、黄芩、药菊为主，在生产药材的同时，形成以黄色、紫色和白色为主的大地景观色彩。

园区景观

园区景观以观光休闲为主，生产为辅，主要满足人们亲近大自然的欲望，对于乡间田野式生活的向往，以及渴望自然、渴望绿色、渴望朴实而广阔的郊野环境的回归。园区景观不仅有清新的空气、美丽的田园、幽静的山谷、纯净的水源、迷人的花香、动听的鸟鸣，还有丰富的风情习俗和多样的乡村野趣等景观，具有生产等多种功能，满足人们的赏景、休闲和陶冶情操的需求。园区景观特征体现在景观多样性、参与性、季节性、文化性等方面。

园区景观的总体景致是：文化创意，景致创新，有光可观，有景可赏，有物可采，有鲜可尝，有技可学，有诗可吟，观之可乐，赏之可爽，营造景秀观光园的主题。

北京市拥有多个以药用植物为主题的园区，例如以多种药材为主题的观光园区有延庆的百草园、怀柔的濒危植物园，以单一某种药材为主题的观光园区有房山天香牡丹园、延庆大观头牡丹园、房山务滋金银花采摘园、延庆艾蒿园、门头沟黄芩仙谷等。

林药景观

林药景观主要是指以果林为主的林药间作景观，具有层次分明的景观特色。适宜林下栽种的药材，一般是喜湿耐阴的草本、藤本或灌木类植物，例如西洋参、桔梗、细辛、半夏、盾叶薯蓣、薄荷、苏子、百合、三七、柴胡、板蓝根等。

北京市中药材种植模式以林药间作为主，约占总种植面积的一半以上，主要分布在延庆、门头沟、平谷和密云，种植的品种为黄芩、板蓝根、甘草、金银花、射干，构建了层次分明、季节有错的林药景观，形成了以低头观花，抬头摘果的休闲农业。

园林景观

目前，我国有药用植物 11146 种，其中，藻类、菌类、地衣类低等植物有 459 种，苔藓类、蕨类和种子植物类高等植物有 10686 种。药用植物分布集中于菊科、豆科、唇形科、毛茛科、蔷薇科、伞形科、玄参科、茜草科、大戟科等。我国自古就有栽培、改良药用植物作为观赏植物的习惯，大多数药用植物除了药用价值之外，还为人们提供观赏等多方面的价值，其花、叶或果实观赏价值都很高，例如菊花、芍药、百合、丹参、辛夷等药用植物，都是著名的观赏植物。现阶段景观中应用较为广泛的药用植物约 200 余种，以多年生宿根及一、二年生草本为主，多为药用兼观赏植物及芳香植物。

北京北区将药用植物用于园林景观的主要种类比较多，常见的有萱草、玉簪、麦冬、射干、蒲公英等，也有将金银花应用于道路、园区做篱笆墙的方式。

第二章
景观药用植物常见种类

◎ 一年生草本药用植物
◎ 二年生草本药用植物
◎ 多年生草本药用植物
◎ 多年生藤本药用植物
◎ 多年生木本药用植物

◎ 一年生草本药用植物

红花 *Carthamus tinctorius L.*

【科属地位】菊科红花属。

【形态特征】一年生草本。

高 (20)50~100(150) 厘米。茎直立，上部分枝，全部茎枝白色或淡白色，光滑，无毛。中下部茎叶披针形、披状披针形或长椭圆形，长 7~15 厘米，宽 2.5~6 厘米，边缘大锯齿、重锯齿、小锯齿以至无锯齿而全缘，极少有羽状深裂的，齿顶有针刺，针刺长 1~1.5 毫米，向上的叶渐小，披针形，边缘有锯齿，齿顶针刺较长，长达 3 毫米。全部叶质地坚硬，革质，两面无毛无腺点，有光泽，基部无柄，半抱茎。头状花序多数，在茎枝顶端排成伞房花序，为苞叶所围绕，苞片椭圆形或卵状披针形，包括顶端针刺长 2.5~3 厘米，边缘有针刺，针刺长 1~3 毫米，或无针刺，顶端渐长，有篦齿状针刺，针刺长 2 毫米。总苞卵形，直径 2.5 厘米。总

苞片 4 层，外层竖琴状，中部或下部有收溢，收缢以上叶质，绿色，边缘无针刺或有篦齿状针刺，针刺长达 3 毫米，顶端渐尖，有长 1~2 毫米，收溢以下黄白色；中内层硬膜质，倒披针状椭圆形至长倒披针形，长达 2.2 厘米，顶端渐尖。全部苞片无毛无腺点。小花红色、橘红色，全部为两性，花冠长 2.8 厘米，细管部长 2 厘米，花冠裂片几达檐部基部。瘦果倒卵形，长 5.5 毫米，宽 5 毫米，乳白色，有 4 棱，棱在果顶伸出，侧生着生面。无冠毛。花果期 5—8 月。

【生长环境和分布】原产中亚地区。前苏联有野生也有栽培，日本、朝鲜广有栽培。我国黑龙江、辽宁、吉林、河北、山西、内蒙古、陕西、甘肃、青海、山东、浙江、贵州、四川、西藏等省区，特别是新疆维吾尔自治区都广有栽培。我国上述地区除有引种栽培外，山西、甘肃、四川亦见有野生者。

【药用部位】花，夏季花由黄色变红时采摘，阴干或晒干。

【性味、功能和主治】辛，温。归心、肝经。活血通经，散瘀止痛。用于经闭，痛经，恶露不行，癥瘕痞块，胸痹心痛，淤滞腹痛，胸胁刺痛，跌扑损伤，疮疡肿痛。

青葙子 *Celosia argentea L.*

【科属地位】苋科青葙属。

【形态特征】一年生草本。

高 0.3~1 米，全体无毛；茎直立，有分枝，绿色或红色，具显明条纹。叶片矩圆披针形、披针形或披针状条形，少数卵状矩圆形，长 5~8 厘米，宽 1~3 厘米，绿色常带红色，顶端急尖或渐尖，具小芒尖，基部渐狭；叶柄长 2~15 毫米，或无叶柄。花多数，密生，在茎端或枝端成单一、无分枝的塔状或圆柱状穗状花序，长 3~10 厘米；苞片及小苞片披针形，长 3~4 毫米，白色，光亮，顶端渐尖，延长成细芒，具 1 中脉，在背部隆起；花被片矩圆状披针形，长 6~10 毫米，初为白色顶端带红色，或全部粉红色，后成白色，顶端渐尖，具 1 中脉，在背面凸起；花丝长 5~6 毫米，分离部分长约 2.5~3 毫米，花药紫色；子房有短柄，花柱紫色，长 3~5 毫米。胞果卵形，长 3~3.5 毫米，包裹在宿存花被片内。种子凸透镜状肾形，直径约 1.5 毫米。花期 5—8 月，果期 6—10 月。

【生长环境和分布】几乎遍布全中国；野生或栽培，生于平原、田边、丘陵、山坡，高达海拔 1100 米。朝鲜、日本、前苏联、印度、越南、缅甸、泰国、菲律宾、马来西亚及非洲热带均有分布。

【药用部位】种子供药用。

【性味、功能和主治】苦，微寒。归肝经。用于肝热目赤，目生翳膜，视物昏花，肝火眩晕。

菘蓝（板蓝根）*Isatis indigotica Fortune*

别名蓝靛、大蓝、大靛、大青叶、板蓝根等。

【科属地位】十字花科菘蓝属。

【形态特征】二年生草本植物。

主根深长，外皮浅黄棕色。茎直立，上部多分枝，稍带白粉。基生叶较大，具柄，叶片长圆状椭圆形，淡粉灰色；茎生叶互生，叶片长圆形或长圆状倒披针形，下部的叶较大，往上逐渐变小，叶片先端钝尖，基部箭形，半抱茎，全缘或有不明显的细锯齿。圆锥状总状花序。花小，花梗细长，无苞片。花萼4片，绿色；花冠4瓣，黄色，十字形，花瓣倒卵形；雄蕊6枚，4强；1雌蕊，长圆形。长角果扁平椭圆形，边缘翅状，具中肋，紫色。种子1粒。

花期4—5月。果期6月。

【生长环境和分布】在中国，全国各地都有栽培。适应性广，耐寒，喜温，怕水涝。适宜在疏松肥沃、排水良好的沙壤土中生长。

【药用部位】根和叶。根入药称板蓝根，干燥的叶入药称大青叶。

【性味、功能和主治】板蓝根味苦，性寒。有清热解毒、凉血利咽功能。用于温病、发斑、喉痹、丹毒、痈肿；可防治流行性乙型脑炎、急慢性肝炎、流行性腮腺炎、骨髓炎。

大青叶味苦，性寒。归心、胃经。有清热解毒、凉血消斑功能。用于温邪入营、高热神昏、发斑发疹、黄疸、热痢、痄腮、喉痹、丹毒、痈肿。

◎ 多年生草本药用植物

黄芩 *Scutellaria baicalensis Georgi*

别名黄芩茶、山茶根等。

【科属地位】唇形科黄芩属。

【形态特征】多年生草本植物。

全株稍有毛。根圆锥形，粗壮，断面鲜黄色。茎四棱形，自基部分枝多而细，基部稍木化。叶交互对生，近无柄，叶片披针形，上面深绿色，下面淡绿色，被下陷的腺点。圆锥花序顶生，具叶状苞片。花萼于果实形成时增大；花冠紫色、紫红色或蓝色，二唇形，上唇盔状，先端微裂，下唇 3 裂，中间裂片近圆形，两侧裂片向上唇靠拢；雄蕊 4 枚，稍露出，药室裂口有白色髯毛；雌蕊子房 4 深裂，生于环状花盘上，花柱基生，先端二浅裂。4 个球形黑褐色小坚果，有瘤，包围于增大的宿萼中。

花期 6—9 月。果期 8—10 月。

【生长环境和分布】生于山顶、山坡、林缘、路旁等向阳较干燥的地方。喜温暖，耐严寒，成年植株地下部分可忍受 −30℃低温。耐旱怕涝，地内积水或雨水过多，生长不良，重者烂根死亡。分布于中国的东北、华北、西北以及河南、山东等地。

【药用部位】干燥根。

【性味、功能和主治】味苦，性寒。归肺、胆、脾、大肠、小肠经。有清热燥湿、泻火解毒、止血、安胎功能。用于湿温、暑温胸闷呕恶、湿热痞满、泻痢、黄疸、肺热咳嗽、高热烦渴、血热吐衄、痈肿疮毒、胎动不安。

药菊 *Chrysanthemum morifolium Ramat.*

别名杭菊（浙江）、滁菊（安徽）、亳菊（安徽）、贡菊（安徽）、怀菊（河南）、川菊（四川）等，都是菊花 *Chrysanthemum morifolium Ramat.* 这个物种的不同栽培品种，因产地不同而有不同的名称。其种名也写作 *Dendranthema morifolium* (Ramat.) Tzvel.。其中的亳菊、滁菊、贡菊、杭菊是中国四大名菊，也是菊花中的典型入药品种。

【科属地位】菊科菊属。

【形态特征】多年生草本植物。

根状茎多，稍有木质化。茎带紫色，有灰色细毛或绒毛。单叶互生，有叶柄。叶片卵形、卵圆形或卵状披针形，羽状浅裂，边缘有粗大锯齿或深裂。数个头状花序排列成聚伞状，外层苞片条形，绿色，边缘干膜质，被白色毛，内层苞片长椭圆形，干膜质。边缘舌状花雌性，花冠白色、黄色、红色或紫色，雌蕊柱头 2 裂；中间管状花两性，花冠黄色，5 裂片，雄蕊 5 枚，雌蕊子房下位，柱头 2 裂。营养器官繁殖，不结实。

花期 10—11 月。

几个入药品种的特征如下。

亳菊　头状花序呈倒圆锥形或圆筒形，有时稍压扁呈扇形，离散。总苞碟状；总苞片 3~4 层，卵形或椭圆形，草质，黄绿色或褐绿色，外面被柔毛，边缘膜质。花托半球形，无托片或托毛。舌状花数层，雌性，位于外围，类白色，劲直，上举，纵向折缩，散生金黄色腺点；管状花多数，两性，位于中央，为舌状花所隐藏，黄色，顶端 5 齿裂。瘦果不发育，无冠毛。体轻，质柔润，干时松脆。气清香，味甘、微苦。

滁菊　头状花序呈不规则球形或扁球形。舌状花类白色，不规则扭曲，内卷，边缘皱缩，有时可见淡褐色腺点；管状花大多隐藏。

贡菊　头状花序呈扁球形或不规则球形。舌状花白色或类白色，斜升，上部反折，边缘稍内卷而皱缩，通常无腺点；管状花少，外露。

杭菊　头状花序呈碟形或扁球形，常数个相连成片。舌状花类白色或黄色，平展或微折叠，彼此粘连，通常无腺点；管状花多数，外露。

【生长环境和分布】典型的短日照植物。在中国，全国各地都有栽培。药用品种主要栽培于河南、河北、山东、安徽、江苏、浙江、四川等地。

【药用部位】干燥花序。

【性味、功能和主治】味甘、苦，性微寒。归肺、肝经。有散风清热、平肝明目功能。用于风热感冒、头痛眩晕、目赤肿痛、眼目昏花。

芍药 *Paeonia lactiflora* Pall.

【科属地位】毛茛科芍药属。

【形态特征】多年生草本。

根粗壮，分枝黑褐色。茎高 40~70 厘米，无毛。下部茎生叶为二回三出复叶，上部茎生叶为三出复叶；小叶狭卵形、椭圆形或披针形，顶端渐尖，基部楔形或偏斜，边缘具白色骨质细齿，两面无毛，背面沿叶脉疏生短柔毛。花数朵，生茎顶和叶腋，有时仅顶端一朵开放，而近顶端叶

腋处有发育不好的花芽，直径 8~11.5 厘米；苞片 4~5，披针形，大小不等；萼片 4，宽卵形或近圆形，长 1~1.5 厘米，宽 1~1.7 厘米；花瓣 9~13，倒卵形，长 3.5~6 厘米，宽 1.5~4.5 厘米，白色，有时基部具深紫色斑块；花丝长 0.7~1.2 厘米，黄色；花盘浅杯状，包裹心皮基部，顶端裂片钝圆；心皮 4~5（-2），无毛。蓇葖长 2.5~3 厘米，直径 1.2~1.5 厘米，顶端具喙。花期 5—6 月；果期 8 月。

【生长环境和分布】在我国分布于东北、华北、陕西及甘肃南部。在东北分布于海拔 480~700 米的山坡草地及林下，在其他各省分布于海拔 1000~2300 米的山坡草地；在四川、贵州、安徽、山东、浙江等省及各城市公园也有栽培，花瓣各色。朝鲜、日本、蒙古及前苏联西伯利亚地区也有分布。

【药用部位】根药用，称"白芍"。

【性味、功能和主治】苦，微寒。归肝经。清热凉血，散瘀止痛。用于热入营血，温毒发斑，吐血衄血，目赤肿痛，肝郁胁痛，经闭痛经，癥瘕腹痛，跌扑损伤，痈肿疮疡。

丹参　*Salvia miltiorrhiza* Bge.

别名赤参、血参、红根等。

【科属地位】唇形科鼠尾草属。

【形态特征】多年生草本植物。

根圆柱形，肥厚，肉质，砖红色。全株密被柔毛。茎直立，四棱形，多分枝。有柄奇数羽状复叶对生。小叶 3~7 片，顶端小叶较大，叶片卵形或椭圆状卵形，先端钝，基部宽楔形或斜圆形，边缘具圆锯齿，两面被柔毛，下面的毛较密。轮伞花序组成顶生或腋生总状花序，密被腺毛和长柔毛。小苞片披针形，被腺毛。花萼钟状，紫色，先端二唇形，萼筒喉部密被白色柔毛；花冠蓝紫色，二唇形，上唇直立，略呈镰刀状，先端微裂，下唇较上唇短，先端 3 裂，中央裂片较两侧裂片长且大，又作浅 2 裂；能育雄蕊 2 枚，伸出花冠管外，退化雄蕊线形；雌蕊子房上位，4 深裂，花柱较雄蕊长，柱头 2 裂。4 个小坚果，长圆形，熟时暗棕色或黑色，包于宿萼中。

花期 5—8 月。果期 8—9 月。

【生长环境和分布】生于山坡草地、林下、溪旁等处。在中国，全国各地都有分布。

【药用部位】干燥根和根茎。

【性味、功能和主治】味苦，性微寒。归心、肝经。有祛瘀止痛、活血通经、清心除烦功能。用于月经不调、经闭痛经、癥瘕积聚、胸腹刺痛、热痹疼痛、疮疡肿痛、心烦不眠；肝脾肿大，心绞痛。

桔梗 *Platycodon grandiflorum* A.DC.

别名白药、梗草、铃铛花、六角花、和尚头花等。

【科属地位】桔梗科桔梗属。

【形态特征】多年生草本。

有乳汁。根圆柱形，肉质，分枝少。茎通常不分枝或上部略分枝。单叶，茎上部叶互生，中下部叶对生或轮生。无柄或有短柄；叶片卵形至卵状披针形，顶端尖锐，基部楔形，边缘有锐锯齿。花单生或数朵生于枝端，成疏生总状花序。有柄。花萼钟状，顶端5裂，裂片三角状披针形；花冠宽钟状，蓝色、蓝紫色，也有白色，较大，顶端5裂，裂片三角形，尖顶；雄蕊5枚，花丝短，基部宽，密生细毛；雌蕊子房下位，5室，柱头5裂，反卷，密被白毛。蒴果倒圆卵形，成熟时顶部5瓣裂。种子多数，卵形，黑褐色。

花期7—10月。果期8—11月。

【生长环境和分布】生于山坡草地、林缘等环境中，喜阳光充足、凉爽湿润的环境；略耐半阴、耐寒、耐热，对土壤要求不严。原产中国，分布于南北各地。

【药用部位】干燥根。

【性味、功能和主治】味苦、辛，性平。归肺经。有宣肺、利咽、祛痰、排脓功能。用于咳嗽痰多、胸闷不畅、咽痛、音哑、肺痈吐脓、疮疡脓成不溃。

射干 *Belamcanda chinensis* (L.)DC.

别名鸟扇、扁竹、黄远、草姜、凤翼、绞剪草、剪刀草、山蒲扇、扇子草、野萱花、蝴蝶花。

【科属地位】鸢尾科射干属。

【形态特征】多年生草本植物。

根茎横走，扁圆形，有鲜黄色不规则结节，断面黄色，生有多数须根。茎直立，光滑无毛。叶互生，无柄，常聚生于茎基，互相嵌叠而抱茎，排成 2 列，广剑形，扁平，革质，长且宽，顶端锐尖，有平行脉多条。伞房状聚伞花序顶生，总花梗和每花的花梗基部有膜质苞片。花被 6 片，排为 2 轮，上面橘黄色，散生暗红色斑点，下面淡黄色；雄蕊 3 枚，贴生于花被基部，花丝红色；雌蕊子房下位，3 室，有 3 纵槽，花柱 1，倾斜，柱头膨大，3 裂。蒴果三角状倒卵形至长椭圆形，3 室，每室有种子 3~8 粒，成熟时室背开裂，顶部有部分凋萎的花被宿存。种子多数，圆形，黑色，有光泽。

花期 7—9 月。果期 8—9 月。

【生长环境和分布】喜温暖干燥气候，耐寒、耐旱。人工栽培或野生于山坡、草地、田边、沟谷、林缘等处。分布于中国各省、区、市。

【药用部位】干燥根茎。

【性味、功能和主治】味苦，性寒。归肺经。有清热解毒、消痰、利咽功能。用于热毒痰火郁结、咽喉肿痛、痰涎壅盛、咳嗽气喘。

知母 *Anemarrhena asphodeloides* Bge.

别名蒜辫子草、羊胡子根等。

【科属地位】百合科知母属。

【形态特征】多年生草本植物。

地下根状茎横走，肥厚粗壮，覆盖着成纤维状残留的叶鞘，黄褐色，下部生多数肉质须根。叶基生，线形，很长，先端渐尖，基部渐宽而成鞘状。叶片上的叶脉为平行脉，中脉不明显。花莛比叶长得多。小花排成总状花序，苞片小，卵形或卵圆形。花粉红色、淡紫色至白色，有短梗，多在夜间开放，有香气。花序上的小花花被6片，2轮，长圆形，外轮有紫色脉纹，内轮淡黄色；雄蕊3枚，着生于内轮花被片上；雌蕊子房长卵形，3室。蒴果长圆形，具6纵棱，有短喙。种子长三棱形，黑色，两侧有翼。

花期5—8月。果期8—9月。

【生长环境和分布】生于山坡、丘陵或草原。分布于东北、华北、西北等地。

【药用部位】干燥根茎。

【性味、功能和主治】味苦、甘，性寒。归肺、胃、肾经。有清热泻火、生津润燥功能。用于外感热病、高热烦渴、肺热燥咳、骨蒸潮热、内热消渴、肠燥便秘。

瞿麦 *Dianthus superbus* L.

【科属地位】石竹科石竹属。

【形态特征】多年生草本。

高 50~60 厘米，有时更高。茎丛生，直立，绿色，无毛，上部分枝。叶片线状披针形，长 5~10 厘米，宽 3~5 毫米，顶端锐尖，中脉特显，基部合生成鞘状，绿色，有时带粉绿色。花 1 或 2 朵生枝端，有时顶下腋生；苞片 2~3 对，倒卵形，长 6~10 毫米，约为花萼 1/4，宽 4~5 毫米，顶端长尖；花萼圆筒形，长 2.5~3 厘米，直径 3~6 毫米，常染紫红色晕，萼齿披针形，长 4~5 毫米；花瓣长 4~5 厘米，爪长 1.5~3 厘米，包于萼筒内，瓣片宽倒卵形，边缘深裂至中部或中部以上，通常淡红色或带紫色，稀白色，喉部具丝毛状鳞片；雄蕊和花柱微外露。蒴果圆筒形，与宿存萼等长或微长，顶端 4 裂；种子扁卵圆形，长约 2 毫米，黑色，有光泽。花期 6—9 月，果期 8—10 月。

【生长环境和分布】产东北、华北、西北及山东、江苏、浙江、江西、河南、湖北、四川、贵州、新疆。生于海拔 400~3 700 米丘陵山地疏林下、林缘、草甸、沟谷溪边。北欧、中欧、西伯利亚、哈萨克斯坦、蒙古（西部和北部）、朝鲜、日本也有。模式标本采自北欧拉普兰。

【药用部位】全草入药。

【性味、功能和主治】苦，寒。归心、小肠经。利尿通淋，活血通经。用于热淋，血淋，石淋，小便不通，淋沥涩痛，经闭瘀。

◎ 多年生藤本药用植物

金银花 *Lonicera japonica* Thunb.

别名忍冬、金银藤、鸳鸯藤等。

【科属地位】忍冬科忍冬属。

【形态特征】落叶攀缘性灌木。

幼枝密生柔毛和腺毛。单叶对生。叶柄短；叶片卵形至卵状椭圆形，幼时两端被毛，先端短渐尖或钝，基部圆形至近心形，全缘。2 花成对生于叶腋。苞片叶状，边缘有纤毛。萼筒无毛，5 裂；花冠二唇形，上唇 4 裂，常合并、直立，下唇反转，约与花冠筒等长，初开时白色，后变黄色，有芳香；雄蕊 5 枚，与雌蕊花柱均稍超出花冠；雌蕊子房下位，花柱细长，柱头头状，黄色。浆果球形，黑色。

花期 6—8 月。果期 8—10 月。有时秋季也开花。

【生长环境和分布】生于山坡灌丛和疏林中。原产于中国。除野生外，全国各地多栽培。

【药用部位】干燥花蕾和初开的花。

【性味、功能和主治】味甘，性寒。归肺、心、胃经。有清热解毒、凉散风热功能。用于痈肿疔疮、喉痹、丹毒、热毒血痢、风热感冒、温病发热。

五味子 *Schisandra chinensis* Baill.

【科属地位】木兰科五味子属。

【形态特征】落叶木质藤本。

除幼叶背面被柔毛及芽鳞具缘毛外余无毛；幼枝红褐色，老枝灰褐色，常起皱纹，片状剥落。叶膜质，宽椭圆形、卵形、倒卵形、宽倒卵形或近圆形，长 (3) 5~10 (14) 厘米，宽 (2) 3~5 (9) 厘米，先端急尖，基部楔形，上部边缘具胼胝质的疏浅锯齿，近基部全缘；侧脉每边 3~7 条，网脉纤细不明显；叶柄长 1~4 厘米，两侧由于叶基下延成极狭的翅。雄花：花梗长 5~25 毫米，中部以下具狭卵形、长 4~8 毫米的苞片，花被片粉白色或粉红色，6~9 片，长圆形或椭圆状长圆形，长 6~11 毫米，宽 2~5.5 毫米，外面的较狭小；雄蕊长约 2 毫米，花药长约

1.5毫米，无花丝或外3枚雄蕊具极短花丝，药隔凹入或稍凸出钝尖头；雄蕊仅5 (6) 枚，互相靠贴，直立排列于长约0.5毫米的柱状花托顶端，形成近倒卵圆形的雄蕊群；雌花花梗长17~38毫米，花被片和雄花相似；雌蕊群近卵圆形，长2~4毫米，心皮17~40，子房卵圆形或卵状椭圆体形，柱头鸡冠状，下端下延成1~3毫米的附属体。聚合果长1.5~8.5厘米，聚合果柄长1.5~6.5厘米；小浆果红色，近球形或倒卵圆形，径6~8毫米，果皮具不明显腺点；种子1~2粒，肾形，长4~5毫米，宽2.5~3毫米，淡褐色，种皮光滑，种脐明显凹入成U形。花期5—7月，果期7—10月。

【生长环境和分布】产于黑龙江、吉林、辽宁、内蒙古、河北、山西、宁夏、甘肃、山东。生于海拔1 200~1 700米的沟谷、溪旁、山坡。也分布于朝鲜和日本。模式标本采自于我国东北部。

【药用部位】果实。

【性味、功能和主治】酸、甘，温。归肺、心、肾经。收敛固涩，益气生津，补肾宁心。用于久咳虚喘，梦遗滑精，遗尿尿频，久泻不止，自汗盗汗，津伤口渴，内热消渴，心悸失眠。

◎ 多年生木本药用植物

玫瑰 *Rosa rugosa* Thunb.

【科属地位】蔷薇科蔷薇属。

【形态特征】直立灌木。

高可达 2 米；茎粗壮，丛生；小枝密被绒毛，并有针刺和腺毛，有直立或弯曲、淡黄色的皮刺，皮刺外被绒毛。小叶 5~9 厘米，连叶柄长 5~13 厘米；小叶片椭圆形或椭圆状倒卵形，长 1.5~4.5 厘米，宽 1~2.5 厘米，先端急尖或圆钝，基部圆形或宽楔形，边缘有尖锐锯齿，上面深绿色，无毛，叶脉下陷，有褶皱，下面灰绿色，中脉突起，网脉明显，密被绒毛和腺毛，有时腺毛不明显；叶柄和叶轴密被绒毛和腺毛；托叶大部贴生于叶柄，离生部分卵形，边缘有带腺锯齿，下面被绒毛。花单生于叶腋，或数朵簇生，苞片卵形，边缘有腺毛，外被绒毛；花梗长 5~22.5 毫米，密被绒毛和腺毛；花直径 4~5.5 厘米；萼片卵状披针形，先端尾状渐尖，常有羽状裂片而扩展成叶状，上面有稀疏柔毛，下面密被柔毛和腺毛；花瓣倒卵形，重瓣至半重瓣，芳香，紫红色至白色；花柱离生，被毛，稍伸出萼筒口外，比雄蕊短很多。果扁球形，直径 2~2.5 厘米，砖红色，肉质，平滑，萼片宿存。花期 5—6 月，果期 8—9 月。

【生长环境和分布】原产我国华北以及日本和朝鲜。我国各地均有栽培。园艺品种很多，有粉红单瓣 R. rugosa Thunb. f. rosea Rehd.、白花单瓣 f. alba（Ware）Rehd.，紫花重瓣 f. plena (Regel) Byhouwer、白花重瓣 f. albo–plena Rehd. 等供观赏用。

【药用部位】甘，微苦，温。归肝、脾经。行气解郁，和血，止痛。用于肝胃气痛，食少呕恶，月经不调，跌扑伤痛。

牡丹 *Paeonia suffruticosa* Andr.

【科属地位】毛茛科芍药属。

【形态特征】落叶灌木。

茎高达 2 米；分枝短而粗。叶通常为二回三出复叶，偶尔近枝顶的叶为 3 小叶；顶生小叶宽卵形，长 7~8 厘米，宽 5.5~7 厘米，3 裂至中部，裂片不裂或 2~3 浅裂，表面绿色，无毛，背面淡绿色，有时具白粉，沿叶脉疏生短柔毛或近无毛，小叶柄长 1.2~3 厘米；侧生小叶狭卵形或长圆状卵形，长 4.5~6.5 厘米，宽 2.5~4 厘米，不等 2 裂至 3 浅裂或不裂，近无柄；叶柄长 5~11 厘米，和叶轴均无毛。花单生枝顶，直径 10~17 厘米；花梗长 4~6 厘米；苞片 5，长椭圆形，大小不等；萼片 5，绿色，宽卵形，大小不等；花瓣 5，或为重瓣，玫瑰色、红紫色、粉红色至白色，通常变异很大，倒卵形，长 5~8 厘米，宽 4.2~6 厘米，顶端呈不规则的波状；雄蕊长 1~1.7 厘米，花丝紫红色、粉红色，上部白色，长约 1.3 厘米，花药长圆形，长 4 毫米；花盘革质，杯状，紫红色，顶端有数个锐齿或裂片，完全包住心皮，在心皮成熟时开裂；心皮 5，稀更多，密生柔毛。蓇葖长圆形，密生黄褐色硬毛。花期 5 月；果期 6 月。

【生长环境和分布】可能由产自我国陕西延安一带的矮牡丹引种而来。目前全国栽培甚广，并早已引种国外。在栽培类型中，主要根据花的颜色，可分成上百个品种。

【药用部位】根皮供药用，称"丹皮"。

【性味、功能和主治】苦、辛，微寒。归心、肝、肾经。清热凉血，活血化瘀。用于热入营血，温毒发斑，吐血衄血，夜热早凉，无汗骨蒸，经闭痛经，跌扑伤痛，痈肿疮毒。

连翘　*Forsythia suspensa* (Thunb.)Vahl

别名黄链条花、青翘、空翘、黄花树、黄绶丹、落翘等。

【科属地位】木樨科连翘属。

【形态特征】落叶灌木。

枝条开展或下垂，有四棱，节间中空，仅在节部有髓。叶对生，通常为单叶或3裂至三出复叶，叶柄较长；叶片卵形或长椭圆状卵形，先端渐尖、急尖或钝，基部阔楔形或圆形，边缘有不整齐的锯齿，半革质。花先叶开放，一至数朵簇生于叶腋。花萼4深裂，裂片与花冠等长，宿存；花冠基部管状，上部4裂，裂片卵圆形，金黄色；雄蕊2枚，着生于花冠基部；雌蕊1，子房卵圆形，花柱细长，柱头2裂。蒴果狭卵形略扁，先端有短喙，成熟时2瓣裂。种子多数，棕色，狭椭圆形，扁平，一侧有薄翅。

花期3—5月。果期7—8月。

【生长环境和分布】生于海拔250~2200米的山坡灌丛、林下、草丛或山谷、山沟疏林中。分布于辽宁、河北、河南、山东、江苏、湖北、湖南、安徽、江西、云南、山西、陕西、甘肃、四川等地。除华南外，各地均有栽培。

【药用部位】干燥果实入药。秋季果实初熟尚带绿色时采收，除去杂质，蒸熟，晒干，习称"青翘"；果实熟透时采收，晒干，除去杂质，习称"老翘"。

【性味、功能和主治】味苦，性微寒。归肺、心、小肠经。有清热解毒、消肿散结功能。用于痈疽、瘰疬、乳痈、丹毒、风热感冒、温病初起、温热入营、高热烦渴、神昏发斑、热淋尿闭。

第三章

景观药用植物栽培技术

◎ 一年生草本药用植物栽培技术
◎ 二年生草本药用植物栽培技术
◎ 多年生草本药用植物栽培技术
◎ 多年生藤本药用植物栽培技术
◎ 多年生木本药用植物栽培技术

红花栽培技术

　　红花，别名红蓝花、刺红花，菊科红花属。主产河南、湖南、四川、新疆、西藏等地。

1　特征特性

　　生长习性　红花喜温暖、干燥气候，抗寒性强，耐贫瘠。抗旱怕涝，适宜在排水良好、中等肥沃的沙土壤上种植，以油沙土、紫色夹沙土最为适宜。

　　生育特点　红花种子容易萌发，5℃以上就可萌发，发芽适温为 15~25℃，发芽率为 80% 左右。适应性较强，生活周期 120 天。

2　栽培技术

　　选地整地　红花对土壤要求不严，但要获得高产，必须选择土层深厚，土壤肥力均匀，排水良好的中、上等土壤。地势平坦，排、灌条件良好。前茬以大豆、玉米为好。前茬作物收获后应立即进行耕翻、施肥、灌溉。亩施 2000 千克有机肥。

繁殖方式 一般采用种子繁殖。

◎ 播期 在 5 厘米土层地温稳定通过 5℃以上时即可播种，适期早播可以提高产量。北京地区红花的适宜播种期一般在 4 月下旬至 5 月初。

◎ 播量 播种方法采用谷物播种机条播，45 厘米等行距播种，播深 4~5 厘米，每米落种 50 粒，落种均匀。每亩播量 2~2.5 千克。

田间管理

◎ 间苗定苗 红花出齐苗后就可以开始间苗，将苗间开苗距 1~2 厘米，这样有利于促进幼苗生长均匀一致；当幼苗长出 5~6 片真叶时开始定苗，株距 5~7 厘米，去小留大、去弱留强。高肥力土壤红花分枝能力强，亩留苗密度较稀，平均株距 7 厘米，亩留苗密度 2 万株；中肥力土壤平均株距 6 厘米，亩留苗密度 2.5 万株；低肥力土壤红花分枝能力弱，亩留苗密度较密，平均株距 5 厘米，亩留苗密度 3 万株。

◎ 中耕除草 播后遇雨及时破除板结，拨锄幼苗旁边杂草。第一次中耕要浅，深度 3~4 厘米，以后中耕逐渐加深到 10 厘米，中耕时防止压苗，伤苗。

◎ 施肥灌水 红花是耐瘠薄作物，但要获得高产除了播期施用基肥以外，还要在分枝初期追施 1 次尿素，增加植株花球数和种子千粒重。结合最后一次中耕开沟追肥，沟深 15 厘米左右，每亩追施尿素 8~10 千克，追后立即培土。红花全生育期一般需灌水 3~4 次，灌水质量应达到不淹、不旱。灌水方法可采取小畦慢灌，严禁大水漫灌。红花出苗后 60 天左右，即在红花分枝后中午植株出现暂时性萎蔫时灌头水。灌水方法采用小水慢灌，灌水要均匀，亩灌量 60~70 米³。随后开花期和盛花期各灌 1 次水。

病虫害防治

◎ 锈病 土壤和种子带菌、连作栽培、高湿等是导致该病害发生的主要原因。锈病孢子侵入幼苗的根部、根茎和嫩茎，形成束带，使幼苗缺水或折断，造成严重缺苗。随风传播的孢子常侵染红花的子叶、叶片及苞叶，形成栗褐色的小疱疹，破裂后散出大量锈褐色粉末，发病严重时，造成红花减产。可选择地势高燥、排水良好的地块种植；或进行轮作栽培，使用不带菌的种子；田间要控制灌水，雨后及时排水，适当增施磷、钾肥，促使植株生长健壮；红花收获后及时清园，集中处理有病残株；发病初期用 0.2~0.3 波美度石硫合剂，或 20% 三唑酮乳油 1500 倍液，或 15% 三唑酮可湿性粉剂 800~1000 倍液防治。

◎根腐病　由根腐病菌侵染，整个生育阶段均可发生，尤其是幼苗期、开花期发病严重。发病后植株萎蔫，呈浅黄色，最后死亡。发现病株要及时拔除烧掉，防止传染给周围植株，在病株穴中撒一些生石灰或快螨丹，杀死根际线虫，用 50% 的托布津 1000 倍液浇灌病株。

◎黑斑病　病原菌为半知菌，4—5 月发生，受害后叶片呈椭圆形病斑，具同心轮纹。防治黑斑病清除病枝残叶，集中销毁；与禾本科作物轮作；雨后及时开沟排水，降低土壤湿度。发病时可用 70% 代森锰锌 600~800 倍液喷雾，每隔 7 天 1 次，连续 2~3 次。

3　采收与初加工

红花以花冠裂片开放、雄蕊开始枯黄、花色鲜红、油润时开始收获，最好是每天清晨采摘，此时花冠不易破裂，苞片不刺手。红花收花不能过早或过晚；若采收过早，花朵尚未授粉，颜色发黄。采收过晚，花变为紫黑色。所以过早或过晚收花，均影响花的质量，花不宜药用。

当红花植株变黄，花球上只有少量绿苞叶，花球失水，种子变硬，并呈现品种固有色泽时，即可收获。一般采用普通谷物联合收割机收获。

青葙子栽培技术

青葙子为一年生苋科植物，几乎遍布全中国。野生或栽培，生于平原、田边、丘陵、山坡，生长地甚至高达海拔 1100 米。朝鲜、日本、俄罗斯、印度、越南、缅甸、泰国、菲律宾、马来西亚及非洲热带均有分布。

1　特征特性

生长习性　青葙子喜温暖湿润气候。对土壤要求不严，以肥沃、排水良好的砂质壤上栽培为宜。忌积水，低洼地不宜种植。

生育特点　青葙子一年生草本，花期 5—7 月，果期 8—9 月。

2　栽培技术

选地整地　种植青葙子应选疏松肥沃的土壤。前作物收获后及时翻耕，秋耕越深越好，种前每亩施农家基肥 3000~4000 千克，撒匀基肥，深耕细耙整地作畦。

繁殖方式　青葙子采用种子繁殖。应选穗长、分枝多、产量高的植株采种子作种用。青葙与鸡冠花易杂交，显著影响产量，故留种应注意与鸡冠花隔离种植，以保证纯种。

青葙子种子发芽率 70%~80%，发芽适温为 25℃，在 20~30℃内发芽良好。北京地区春播 4—5 月，开 1.2 米的畦，条播，按行距 30 厘米开浅沟，把种子均匀撒在沟内，覆土 0.5 厘米，稍加镇压，浇水。每亩用种量 0.5 千克。

田间管理　青葙子出苗后，中耕除草 2~3 次，第 1 次在苗高 5 厘米时，松土除草；第 2 次在苗高 20 厘米左右时，除草并进行匀苗、补苗，植株间隔 5 厘米留苗 1 株；第 3 次在初现花时进行，结合培土，防止倒伏。在每次中耕除草后，结合追肥，施人粪尿、硫酸胺、过磷酸钙。

3　采收与初加工

青葙子为苋科植物青葙成熟种子，7—9 月种子成熟时，割取地上部分或摘取果穗晒干，搓出种子滤过或或簸净果壳等杂质即可。

青葙子根据炮制方法的不同分为青葙子、炒青葙子，炮制后贮干燥容器内，置通风干燥处。

板蓝根栽培技术

　　板蓝根为十字花科二年生植物菘蓝的干燥根。选用《中华人民共和国药典》正式收载的菘蓝和欧洲菘蓝。主产于安徽、甘肃、山西、河北、陕西、内蒙古、江苏、黑龙江等省（自治区）大部分是人工栽培。

1 特征特性

　　生长习性　板蓝根适应性较强，具有喜光、怕积水、喜肥的特性。对自然环境和土壤要求不严，耐严寒，冷暖地区一般土壤都能种植。

　　生育特点　板蓝根用种子繁殖。种子发芽率约为70%，温度在16~21℃，有足够的湿度，播种后5天出苗。翌年4月开始抽薹、现蕾，5月开花，7月果实相继成熟，全生育期约9—11个月。

2 栽培技术

　　选地整地　种植板蓝根应选疏松肥沃的土壤。前茬作物收获后及时翻耕，秋耕越深越好，因板蓝根的主根能伸入土中50厘米左右，深耕细耙可以促使主根生长顺直，光滑，不分杈。种前每亩施农家基肥3000~4000千克，撒匀，深耕细耙整地作畦。

　　繁殖方式　生产上采用种子繁殖。根据需要，对种子采用浸种、拌种处理。播前对种子进行清水浸泡12~24小时。为播种均匀，可将经浸泡的种子捞出晾至种子表面无水时掺拌适量细沙或细土拌种。北京地区春播的适宜播种期为4月中旬至5月上旬，秋播可在8月下旬播种。春播时，土壤5~10厘米的温度要稳定达到12℃以上，幼苗出土的土壤相对含水量为60%~80%。

　　播种方式采用条播、撒播和穴播均可，生产中一般采用条播。采用30厘米行距，播深为3~5厘米，土质黏重的土壤2~3厘米，沙土3.5~5厘米为宜。为了保墒，播种后最好要镇压。菘蓝每亩播种 1~2 千克，欧洲菘蓝每亩播种 0.6~1 千克。

田间管理

◎间苗定苗　在板蓝根株高 4~7 厘米时，按株距 6~7 厘米定苗，同时进行除草、松土。定苗后视植株生长情况，进行浇水和追肥。

◎除草　播种后，杂草与板蓝根的幼苗同时生长，应抓紧时间及时进行松土除草。由于目前没有适宜板蓝根的除草剂，所以除草采用人工方法进行。条播者于苗高 3 厘米时，在行间用锄浅松土，并锄掉行间杂草，苗间杂草用手拔掉。当幼苗冠幅封住畦面后，只除草，不松土，直至秋季枯萎。

◎水肥管理　板蓝根生长前期一般宜干不宜湿，以促使根部下扎。生长后期适当保持土壤湿润，以促进养分吸收。一般 5 月下旬

至 6 月上旬每亩追施硫酸铵 40~50 千克，过磷酸钙 7.5~15 千克，混合撒入行间。水肥充足叶片才能长得茂盛，生长良好的板蓝根可在 6 月下旬和 8 月中、下旬采收 2 次叶片。为保证根部生长，每次采叶后应进行追肥浇水。

病虫害防治

◎霜霉病　田间植株发病后，在适宜的环境条件（主要是温、湿度）下，于病部不断产生孢子囊，通过气流传播，造成重复侵染。发病叶片在叶面出现边缘不甚明显的黄白色病斑，逐渐扩大，并受叶脉所限，变成多角形或不规则形。湿度大时，病情发展迅速，霉菌集中在叶背，有时叶面也有。后期病斑扩大变成褐色，叶色变黄，叶片干枯死亡。板蓝根霜霉病在气温 13~15℃、相对湿度 90% 以上的条件下，病情发展极为迅速。凡栽培管理差，水肥

不足，中耕除草不及时以及连作的地块，发病都比较严重。病害流行期用 1 ∶ 1 ∶ (200~300) 的波尔多液或用 65% 代森锌 600 倍液喷雾。

◎ 根腐病　土壤带菌为重要侵染来源。5 月中、下旬开始发生，6—7 月为盛期。田间湿度大和气温高是病害发生的主要因素。若土壤湿度大，排水不良，气温在 20~25℃时，有利发病，高坡地发病轻。耕作不善及地下害虫为害，造成根系伤口，可促使病害感染，引起发病。发病期喷洒 50% 托布津 800~1000 倍液。

◎ 菜粉蝶　俗称菜青虫、白蝴蝶、青条子。防治方法应结合积肥，处理田间残枝落叶及杂草，集中沤肥或烧毁，以杀死幼虫和蛹。冬季清除越冬蛹。药剂防治掌握在幼虫 3 龄以前施药。用 50% 马拉硫磷乳油 500~600 倍液，注意用量要少。

留种技术　当年不挖根，任其自然越冬，翌年 6 月收籽。当角果的果皮变黄后，选晴天割下茎秆运回晒场进行晾晒，待果实干燥后进行脱粒，清除杂质，装袋贮藏在阴冷、干燥、通风的室内备用。

3　采收和初加工

采收

◎ 收叶　春播收叶 2~3 次，产品为大青叶。第 1 次在 6 月中旬；第 2 次在 8 月下旬；第 3 次结合收根先割地上部，选择合格叶片入药。收叶最好选晴天，连续几天晴天进行采收有利于植株重新生长，又有利于割下的叶片晾晒，以获得高质量的大青叶。具体方法是用镰刀在离地面 2~3 厘米处割下叶片，这样既不损伤芦头，又可获得较大产量。

◎ 收根　在板蓝根停止生长，地上部叶片枯萎前且尚保持青绿状态时，选择晴天进行挖收。

初加工　去净泥土，晒至 7~8 成干，扎成小捆，再晒干透。

◎ 多年生草本药用植物栽培技术

北京多年生草本药用植物种植种类较多，适宜景观栽培的有黄芩、药菊、芍药、丹参、射干、桔梗、知母、瞿麦等8个种类，本节选取黄芩、药菊、丹参、射干、桔梗、知母等6种药用植物的栽培技术进行介绍，芍药和瞿麦种植面积较少而不再介绍。

黄芩栽培技术

黄芩为唇形科黄芩属植物黄芩的干燥根，别名黄金条根、山茶根、黄芩茶，是中国常用的大宗药材之一。黄芩始载于《神农本草经》，列为中品，其性寒味苦，具有清热燥湿，泻火解毒，止血安胎的作用，为清凉解热药。

黄芩属种质资源丰富，现知有10多种植物入药。近年来，野生黄芩被大量采挖，人工栽培虽取得一些成果，但目前还没有培育出品质优良的品种。黄芩在中国的分布以北方为主，其中山西省产量最大，河北省承德市质佳。

1 特征特性

生长习性 黄芩常野生于山顶、山坡、林缘、路旁等向阳干燥的地方。喜温暖凉爽气候，耐寒、耐旱、耐瘠薄，成年植株地下部分可耐 −30℃的低温，35℃高温不致枯死。耐旱怕涝，地内积水或雨水过多，则生长不良，重者烂根、死亡。黄芩在排水不良的地块不宜种植，适宜生长在阳光充足、土层深厚、肥沃的中性和微碱性土壤或沙质土壤环境。

野生黄芩在中温带山地草原常见分布于海拔 500~1500 米向阳山坡或高原，年平均气温 −4~8℃，最佳年平均气温为 2~4℃；年降水量 400~600 毫米；土壤 pH 值为 7 或稍大于 7 即可。

　　生育特点　黄芩为唇形科多年生草本植物，播种后第二年秋天地上部枯萎时或第三年初春芽未萌动前刨收。黄芩播种后约 15 天左右出苗，苗高 10~15 厘米时即可定植。黄芩出苗或返青后约在 6 月下旬至 7 月上旬现蕾，现蕾后约 10 天开花，开花后 22 天左右种子成熟，果实发育一般需 41~43 天。8 月上旬以后种子陆续成熟。黄芩在 8 月中旬前以地上生长为主，8 月下旬至 9 月上旬为以地上

生长为主转入以地下生长为主的过渡时期,9月上旬以后转入以地下根系生长为主,生长至第3年,部分根开始枯空。

黄芩种子收获后有6个月的成熟期,种子保质期在一般情况下只有12个月,所以播种必须使用新种,发芽率应达到80%以上,方能保证在田间能够出苗。若新种子存放时间稍长,种子颜色会变淡,贮存时间较短。新种子的颜色为深黑色,籽粒饱满,大小均匀,色泽鲜明。

2 栽培技术

选地与整地 黄芩性喜温暖、光照充足。成年植株能忍耐 $-30℃$ 低温,耐干旱瘠薄,在荒山灌木丛中均能正常生长,但怕水涝、忌连作,宜选择排水良好、光照充足、土层深厚、富含腐殖质的淡栗钙土或沙质壤土地块,也可在幼龄果树行间以及退耕还林地的树间种植,但不适宜在枝叶茂密光照不足的林间栽培。黄芩的林间种植有效减少了山坡地和沙质土地的水土流失。在种植前施足基肥,每亩施优质腐熟的农家肥2000千克,之后深耕土地 25~30 厘米,耙细耙平,做成平畦备播,一般畦宽 1.2 米。

繁殖方式 黄芩的繁殖方式以种子繁殖和分株繁殖为主,扦插繁殖极少。

◎种子繁殖 种子直播的播期根据当地条件适当掌握,以能达到苗全苗壮为目的。春播在 4—5 月,夏播一般在 6—8 月,也可在 11 月冬播,以春播产量最高。无灌溉条件的地方,应在雨季播种。黄芩一般采用条播,按行距 30~35 厘米,开 2~3 厘米深的浅沟,将种子均匀播入沟内,覆土 0.5~1 厘米左右,播后轻轻镇压。每亩播种量 1.5~2.0 千克,因种子细小,为避免播种不匀,播种时可掺5~10 倍细沙或小米混匀后播种。如土壤湿度适中,大约 15 天左右即可出苗。

◎分株繁殖 可在收获时进行。采收时选取高产优质植株,切取主根留作药用,根头部分供繁殖用。冬季采收的可将根头埋在窖内,第二年春天再分根栽种。若春季采挖,可随挖随栽。为了提高繁殖数量，可根据根头的自然形状，用刀劈成若干个单株，每个单株留 3~4 个芽眼，然后按株行距 5 厘米 × 35 厘米栽于田中。分根繁殖成活率高，生长快，可缩短生产周期。

田间管理

◎间苗　幼苗长到 4 厘米高时，间去过密和瘦弱的小苗，按株距 10 厘米定苗。育苗的不必间苗，但须加强管理，除去杂草。干旱时还须浇清粪水，在幼苗长至 8~12 厘米高时，选择阴天将苗移栽至田中。定植行距为 35 厘米，株距 10 厘米，移栽后及时浇水，以确保成活。

◎中耕除草　第 1 次除草一般在 5 月中下旬，结合中耕拔除田间杂草，中耕要浅，以免损伤黄芩幼苗；第 2 次除草一般在 6 月中下旬追肥前，中耕不要太深，结合间苗把草除净；第 3 次除草一般在 7 月中下旬，此时要拔除田间杂草，并进行深中耕。

◎追肥　苗高 10~15 厘米时，用人畜粪水 1500~2000 千克／亩追肥 1 次，助苗生长。6 月底至 7 月初，亩追施过磷酸钙 20 千克、尿素 5 千克，在行间开沟施下，覆土后浇水 1 次。第二年返青后于行间开沟亩施腐熟厩肥 2000 千克、过磷酸钙 50 千克、尿素 10 千克、草木灰 150 千克或氯化钾 16 千克，然后覆土盖平。

◎灌溉排水　黄芩一般不需浇水，但如遇持续干旱时要适当浇水。黄芩怕涝，雨季要及时排除田间积水，以免烂根死苗，降低产量和品质。

◎摘除花蕾　在抽出花序前，将花梗剪掉，减少养分消耗，促使根系生长，提高产量。

病虫害防治

◎叶枯病　在高温多雨季节容易发病。开始从叶尖或叶缘发生不规则的黑褐色病斑，逐渐向内延伸，并使叶干枯，严重时扩散成片。防治方法：①秋后清理田园，除尽带病的枯枝落叶，消灭越冬菌源。②发病初期喷洒 1 ∶ 120 波尔多液，或用 50％多菌灵 1000 倍液喷雾防治，每隔 7~10 天喷药 1 次，连用 2~3 次。

◎根腐病　栽植 2 年以上者易发此病。根部呈现黑褐色病斑以致腐烂，全株枯死。防治方法：①雨季注意排水、除草、中耕，加强苗间通风透光并实行轮作。②冬季处理病株，消灭越冬病菌。③发病初期用 50% 多菌灵可湿性粉剂 1000 倍液喷雾，每 7~10 天喷药 1 次，连用 2~3 次；或用 50% 托布津 1000 倍液浇灌病株。

留种技术　留种田在开花前，追施过磷酸钙 50 千克 / 亩、氯化钾肥 16 千克 / 亩，促进开花旺盛、籽粒饱满，花期注意浇水、防止干旱。黄芩花果期较长，7—9 月共 3 个月，且成熟不一致，极易脱落。当大部分蒴果由绿变黄时，边成熟边采收，也可连果剪下，晒干打出种子，除去杂质，置干燥阴凉处保存。

3　采收与初加工

采收　黄芩种植 2~3 年后收获，经研究测定，最佳采收期应是 3 年生。秋季地上部分枯萎之后，此时商品根产量及主要有效成分黄芩甙的含量均较高。在秋后茎叶枯黄时，选晴天采收，生产上多采用机械起收，也可人工起收。因黄芩主根深长，挖时要深挖起净，挖全根，避免伤根和断根，去净残茎和泥土。

初加工　起收后运回晾晒场，去除杂质和芦头，晒到半干时，放到筐里或水泥地上，用鞋底揉擦，撞掉老皮，使根呈现棕黄色，然后，继续晾晒，直到全干。在晾晒过程中，不要曝晒，否则根系发红，同时防止雨淋和水洗，不然根条会发绿变黑，影响质量。加工场地环境和工具应符合卫生要求，晒场预先清洗干净，远离公路，防止粉尘污染，同时要备有防雨、防家禽设备。

药菊栽培技术

药菊是菊科菊属植物。药用菊花与品种繁多的观赏菊花在植物分类上是同一个物种。

因产地和加工方法不同而有不同的栽培品种或类型。例如杭菊（浙江）、滁菊（安徽）、亳菊（安徽）、贡菊（安徽）、怀菊（河南）、川菊（四川）、济菊（山东）、祁菊（河北安国）等，其中，的亳菊、滁菊、贡菊、杭菊是中国四大名菊，是菊花中的典型入药品种类型，均被载入国家药典。随着品种改良，每个类型中，还有不同的品种。

1 特征特性

菊花是典型的短日照植物。对日照长短（光周期）反应很敏感。在日照 12 小时以下及夜间温度 10℃左右时花芽才能分化，每天不超过 10~11 小时的光照才能现蕾开花。因此，在春夏长日照季节里，只能进行营养生长。立秋以后，随着天气的转凉和日照时间的缩短，才能开始花芽分化，孕育花蕾，冒霜开花。药菊产地的菊花一般于 3 月萌芽展叶，9 月现蕾，10 月开花。年生育期 290 天左右。菊花的适应性强，平川、山地、林缘、幼林林下都可健壮生长。对气候和土壤条件要求不严，最适生长温度 15~25℃。在微酸、微碱性土壤都能生长。全国各地均有栽培，小菊的耐寒力比大菊强，花经几次严霜而不凋谢。温度在 10℃以上隐芽可以萌发。菊花耐干旱，怕积水，喜疏松肥沃含腐殖质多的沙质土壤、凉爽的气候和充足的阳光。

药用品种主要栽培于河南、河北、山东、安徽、江苏、浙江、四川等地。

2 栽培技术

选地整地　宜选地势高燥、阳光充足的林缘耕地或向阳幼林种

植。土壤以疏松、肥沃且排水良好的沙质壤土为宜。整地应在 3 月下旬至 4 月上旬，每亩施猪粪或堆肥 2000 千克作基肥，进行翻耕做畦。一般林缘种植多为平畦，畦宽 1.2 米，长度不限，以浇水好操作为准；幼林中栽种则根据树的株行距大小来确定畦宽，一般以树的冠幅垂直阴影以外 20 厘米为宜。

繁殖方法 菊花的繁殖方法很多。一般可分为分根繁殖、扦插、播种和压条等数种方法。栽培中以扦插为主，因为扦插苗缓苗快，分枝多，产量高。具体方法是选择健壮、无病虫害、根茎白色母株栽于保护地中。当母株上长出 10 厘米芽时，基部留 2~3 片叶采下，并整理成长 6 厘米带有两叶一心的插穗进行扦插育苗。苗床最好用无菌基质（蛭石、珍珠岩等）。扦插后每天要给苗床多次喷水，生根最适温度为 15~18℃，前三天湿度为 100%，以后视其天气情况逐渐降低。一般扦插 15 天后生根，根长 2 厘米以上时即可定植大田。

定植　根据土地质地确定定植密度。沙土地由于不保水保肥，植株生长瘦小，因此可以密度大些，墒土好的密度小些，一般密度为 2500~3000 株 / 亩。定植后及时浇水。

田间管理

◎中耕锄草　菊花缓苗后，不宜浇水，而以锄地松土为主。第 1 次、第 2 次要浅松，使表土干松。地下稍湿润，使根向下扎，并控制水肥，使地上部生长缓慢，俗称"蹲苗"，否则生长过于茂盛，至伏天不通风透光，易发生叶枯病。第 3 次中耕时要深松，并在植株根部培土，保护植株不倒伏。在每次中耕时，应注意勿伤茎皮，不然在茎部内易生虫或蚂蚁，将来生长不佳，影响产量。总之，中耕次数应视气候而定，若能在每次大雨之后，土地板结时，浅锄 1 次，即可使土壤内空气畅通，菊花生长良好，并能减少病害。

◎追肥　菊花根系发达，根部入土较深，细根多，吸肥力强，需肥量大。一般施两次肥。第 1 次施肥在摘心后，每亩施硫酸铵 10 千克，结合培土；第 2 次施肥在花蕾将形成时每亩用硫酸铵 5 千克、保利丰 4 千克，促使花蕾多、花朵大，舌状花肥厚，从而提高产量及品质。

◎排水灌溉　菊花喜湿润，但怕涝，春季要少浇水，防止幼苗徒长，视气候情况，以保证成活为度。6 月下旬以后天旱，要经常浇水。如雨量过多，应疏通大小排水沟，切勿有积水，否则易生病害和烂根。

◎摘心　在菊花生育期中，如果肥料充足，植株生长健壮。为了促使主干粗壮，减少倒伏，在菊花生长期要摘心 1~3 次，第 1 次在 5 月进行，菊花缓苗后留 2~3 对叶片摘心；第 2 次在 6 月底，侧枝长到 10 厘米以上时留 2 对叶摘心；第 3 次不得迟过 7 月底，同样侧枝上留 2 对叶片。

摘心目的是促使侧枝发育和多分枝条，增加单位面积上的花枝数量，提高产量。

◎选留良种　选择无病、粗壮、花多、花头大、层厚心多、花色纯洁、分枝力强及无病花多的植株，作为种用。然后根据各种不同的繁殖方法，进行处理。但因为在同一个地区的一个菊花品种由于多年的无性繁殖，往往有退化现象，病虫害特多，生长不良，产量降低。故选留良种时，特别注意选留性状良好的，加以培育和繁殖。必要时，可在其他地区进行引种。

病虫害防治

◎叶枯病　又叫"斑枯病"。在菊花整个生长期都能发生，尤以雨季严重。植株下边叶片首先被侵染。初期，叶片上出现圆形或椭圆形的染褐色病斑，中心为灰白色，周围有一淡色的圈，后期在病斑上生有小黑点。病斑扩大后，造成整个叶片干枯，严重时，整株叶片干枯，仅剩顶部未展叶的嫩尖。防治方法：① 菊花采收完后，集中残株病叶烧掉。② 前期控制水分，防止疯长，以利通风透光。③ 雨后及时排水。④ 发病初期，摘除病叶，用 1：1：100 的波尔多液或 65% 代森锌可湿性粉剂 500 倍液喷雾，每 7~10 天喷 1 次，连续 3~4 次。

◎菊花牛　又叫"蛀心虫"。在 7—8 月间菊花生长旺盛时，多在菊花茎梢咬成一圈小孔产卵，在茎中蛀食。受害处可见许多小粒虫粪成一团，使伤口以上的茎梢萎蔫，茎干中空枝条易断，或伤口愈合时有肿大的结节。卵孵化后，幼虫钻入茎内，向下取食茎秆，故在发现菊花断尖之后，必须在茎下摘去一节，收集烧掉以减少其为害，否则造成整株或更多的植株枯死。

防治方法：从萎蔫断茎以下 3~6 厘米处摘除受害茎梢，集中烧毁。成虫发生期，趁早晨露水未干时，进行人工捕捉或用乳油类低毒农药喷施防治。

◎蚜虫　又叫腻虫。成虫、若虫吸食茎叶汁液，严重者造成茎叶发黄。

防治方法：① 冬季清园，将枯株和落叶深理或烧掉。② 发生严重时适当配化学防治。

3 采收加工

采花 在 8 月底开始一直采到下霜。采收标准以花心散开 2/3 为采收适期，采收时间要选晴天露水干后进行，带露水采容易变质。采摘时用食指和中指夹住花柄，向怀内折断。操作熟练的工人每天可采鲜花 60~75 千克。最好在晴天露水已干时进行。这时采得的花水分少，干燥快，省燃料和时间，减少腐烂，色泽好，品质好。但遇久雨不晴，花已成熟，雨天也应采，否则水珠包在花内不易干燥，而易引起腐烂，造成损失。采下的鲜花立即干制，切忌堆放，应随采随烘干，最好是采多少烘多少，以减少损失。菊花采收完后，用刀割除地上部分，随即培土，并覆盖熏土于菊花根部。

干制 采回鲜花，应及时放于烤房竹帘上，厚约 6 厘米，抖松铺开，即用煤或柴火烘烤。约半小时应进行翻松，翻时应退着翻，切忌踩到花朵，影响品质。如产量少，气候好，晴天采收即铺于晒场阳光下晒干，晒时宜薄，应勤翻，或薄铺于通风处吹干。但有些地区，例如河南、四川、安徽、河北等地将植株于晴天全部割下捆成小捆，在室外搭架晒干，或在室外悬挂于通风处吹干，再将花摘下。杭菊的花采用蒸菊花的办法，把菊花放在蒸笼内，厚约 3 厘米，一次锅内放笼 2~3 只，把蒸笼搁空，火力要猛而均匀，锅水不宜过多，每蒸一次加一次热水，避免水沸到笼上，影响菊花质量。蒸的时间 4~4.5 分钟，过熟不易晒干，过快防止生花变质。蒸好的菊花放在竹帘上暴晒，菊花未干不要翻动，晚上收进室内不要压，暴晒 3 天后翻动一次。约晒 6~7 天后，收起。贮藏数天再晒 1~2 天，花心完全变硬即可贮藏。

一般亩产干菊花 60 千克左右，高产时可达 150 千克。质量以朵大、花洁白或鲜黄、舌状花肥厚或多而紧密、气清香者为佳。

丹参栽培技术

目前发现鼠尾草属共有 40 多个种 (含变种、变型) 的根及其根茎可作丹参使用，有近 30 个种进行过化学成分含量研究，其中脂溶性成分含量高的种类有甘西鼠尾草、三叶鼠尾草、毛地黄鼠尾草、橙色鼠尾草、云南鼠尾草、南丹参、栗色鼠尾草、黄花鼠尾草、红根草、皖鄂丹参等。

1 特征特性

生长习性 丹参生于林边地堰，路旁山坡等光照充足的地方。怕涝，耐寒，对土壤要求不严格。

生育特点 丹参地上部分生长最适合气温在 20~26℃，平均气温 10℃以下，地上部分开始枯萎。抗寒力较强，初次霜冻后叶仍保持青绿。根在气温 −15℃左右、最大冻土深度 40 厘米左右仍可安全越冬。种子一般在 18~22℃情况下，保持一定湿度，约两周左右可出苗。根段一般在地温 15~17℃开始萌发不定芽与根，一般 1 周左右发新根，20 天左右发不定芽。人工栽培以选择土层深厚，质地疏松的壤土或沙质壤土为宜。过黏或过沙的土壤不宜种植。3—5 月为茎叶生长旺季，4 月开始长茎秆，4—6 月枝叶茂盛，陆续开花结果。7 月之后根生长迅速，7—8 月茎秆中部以下叶子部分脱落，果后花序梗自行枯萎，花序基部及其下面一节的腋芽萌动并长出侧枝和新叶，同时基生叶又丛生。此时新枝新叶能加强植物的光合作

用，受伤或折断后能产生不定芽与不定根，故在生产上广泛采用根段育苗，是提高丹参产量的有效办法。

2 栽培技术

选地整地 选择排灌良好，pH值近中性，微酸或微碱性的土地。每亩施圈肥或土杂肥 1.5~2 万千克，捣细撒于地内。深耕 30~40 厘米，耙细整平，做 90 厘米宽平畦，畦埂宽 24 厘米。播种时如土壤干旱，先浇水灌畦，待水渗下后再种植。

繁殖方法 常有种子繁殖，扦插繁殖，分株繁殖，根段繁殖等繁殖方法。现以根段繁殖产量高，生产上以根段育苗移栽和分株繁殖为主。

◎**种子育苗** 7—8 月种子成熟后，分期分批采下种子及时播种。在整好的畦内，按行距 12~15 厘米，开 1.5 厘米深的浅沟，将种子掺沙均匀地撒于沟内，覆土搂平，稍加镇压。土壤湿润，一般播种后 10~15 天即可出苗。每亩用种 1~1.5 千克。苗高 9~12 厘米时，移栽地按行距 24~30 厘米，株距 9~12 厘米，挖 9 厘米左右深的穴，每穴栽 2~3 株。栽后浇水，待水渗下后培土，压紧，以提高成活率。也可以 7—8 月间直播，按行距 24~30 厘米开沟。方法与种子育苗相同。每亩用种子 1~1.5 千克。当年播种，如浇水施肥等管理措施及时，生长良好，第二年年底收刨，亩产可达 250 千克左右。

◎**分株繁殖** 在早春或晚秋收刨丹参时，将根剪下供药用。根据自然生长情况，大的芦头可分为 3~4 株，小的可分为 1~2 株或不分，一般根上部留 3~6 厘米（秋季收刨的须剪去茎秆）。将分好的芦头按行距 24 厘米，株距 21 厘米，在已整好的畦地里，挖穴栽种，深度与原来在地里相同。栽后立即浇水，待水渗下后培土压紧。晚秋栽种的，年前不能萌发新芽，在每墩上面盖高 6~9 厘米厚的土，既可防旱保墒，又能避免人畜踩伤幼芽。早春分株栽后，也得培土压紧，及时浇水，即可成活。

◎**根段繁殖** 早春收刨丹参时，即在"惊蛰"前后，选择向阳避风处，挖深 30 厘米，宽 30 厘米，长不定的东西畦向育苗池。池底铺一层骡马粪或麦穰作酿热物，厚 6~7 厘米，上面再铺一层沙或炉灰、土杂肥或圈肥和土混合好的育苗土，厚 10~15 厘米。在育苗池的四周用土坯或砖垒成北高南低的矮墙。在"惊蛰"前后，选择粗壮、色鲜红，0.5~1 厘米粗无病害的新根。种根以根的上、中段为好，整理成把，剪成 6~7 厘米长的根段。有条件地区根下端可浸泡 50 毫克／千克 ABT 生根剂溶液中 2 小时后垂直或略倾斜插于育苗池内，株距 1.5~2.5 厘米，根部上、下端不能倒置。选用根段繁殖后存下老母根可按大田分株移栽方法种植在大田中。扦插完后，覆 1 厘米厚的土，轻轻拍平。然后用 30~40℃ 温水喷洒池面，一次浇透，用塑料薄膜覆盖严密。池墙上可架秫秸或竹竿，以防塑料布下塌。为了防止夜间低温或寒流，覆盖稻草帘子，做到早晨揭，晚上盖。育苗池要保持土地湿润，浇水要选择温暖有阳光的中午进行，最好浇温水，浇水后及时将塑料薄膜盖好封固。育苗池温度保持在 20~25℃，约 20 天，幼苗萌发出土，30 天新叶展露。如池里温度超过 30℃ 以上，则需及时通风降温（一般揭开两侧薄膜即可）。待苗高 2~3 厘米时，选择温暖有太阳的中午，揭开薄膜晒苗。北方寒冷地区晚上仍需覆盖塑料薄膜，南方地区不用塑料薄膜覆盖。苗高 6~9 厘米时即可移栽。移栽时间常在"谷雨"前后，整个育苗期 40~50 天。移栽前，在育苗池内浇水。用小铲挖苗，不可用手拔。移植大田的密度与方法与分株繁殖相同。

◎根段大田直播　选 0.5~1 厘米粗，色鲜红的根，在大田墒情好的情况下直播，保证根的上头向上，可提早发芽，提高产量。一般株行距 20 厘米 × 25 厘米，每亩用鲜根 35~50 千克，栽时用手现折现栽，不可用刀切。

田间管理

◎覆膜　春季清明前播种，播种后立即覆盖塑料薄膜，周围用细土压严，防止进风。阳畦和小拱棚育苗，夜间要加盖草苫。夏至至处暑前育苗的，应在苗床上加遮阳设施，防止灼伤幼苗。出苗后要及时间苗拔草，第一次间苗应在子叶充分展开时进行，苗距 1~1.5 厘米，第二次在 2 叶时进行，苗距为 2~3 厘米。苗床土壤的适宜含水量是 20%~22%，当苗床土壤含水量降低到 17% 时应及时浇水。

◎蹲苗　幼苗返青之后，要经常松土浅锄。一般不浇水以利根向下深扎，使新生根向下生长，少出细侧根和纤维根，以利提高丹参质量。

◎排灌　移植后缓苗前应保持畦地湿润，确保成活。成活后一般不浇水。分株和根段繁殖的地块，若在春季收刨，需浇好封冻水。雨季要及时排水，以防烂根。追肥后要浇水。

◎施肥 在开始现蕾雨季封垄之前，可结合中耕，每亩追施尿素 30 千克和复合肥 15 千克，或磷酸二铵 20 千克。丹参根段繁殖的应重施基肥，促使丰产丰收。

◎摘蕾 6—7 月间，除留种子外，及时摘去花蕾。

病虫害防治

◎根腐病 5—11 月发生，尤其在高温多雨季节为害严重，可使植株枯萎死亡。雨季注意排水，发病初期用 50％托布津 800~1000 倍液浇灌。

◎根结线虫病 沙性重的土壤，因透气性好，易发病。整地前每亩用 98％必速杀 7~10 千克，撒施并与土壤混拌均匀，4~5 天后整地，1~2 天后即可移栽。

◎棉铃虫 幼虫钻食蕾、花、果，影响种子产量，可在蕾期喷 50％辛硫磷乳油 1500 倍液或 50％西维因 600 倍液防治。

◎银纹夜蛾 幼虫咬食叶片，夏秋多发。可在幼龄期用 90％敌百虫 800 倍液或 40％乐果 1500 倍液喷施。

此外，还有蛴螬、蚜虫等为害应注意防治。

3 采收和初加工

采收

种子繁殖一般 2~3 年才能收获。分株繁殖一般 1 年半至 2 年即可收刨，管理措施得当，1 年即可收获。根段育苗移栽一年就能收刨，一般在"霜降"，到"立冬"之间或春季发芽之前。在畦的一端顺行深刨，防止刨断。

初加工

将根刨出后，去净泥土，晒干（防止雨淋或水洗）去净须根和附土，即可供药用。每 3 千克左右鲜根可加工 1 千克干货。以条粗，色紫红，无须根，杂质少者为佳，一般亩产干品 400~500 千克。

桔梗栽培技术

桔梗科桔梗属仅有桔梗一种。但有一些变种，有紫色、白色、黄色等花色，有早花、秋花、大花、球花的，也有高秆、矮生的，还有半重瓣、重瓣的。这些变种中，白花的常作蔬菜用，产量较高，其他多为观赏品种。入药以常品为主为好。

1 特征特性

生长习性　桔梗为耐干旱的植物，多生长在砂石质的向阳山坡、草地、稀疏灌丛及林缘。桔梗常在的群落有稀疏的蒙古栎林、槲栎林、榛灌丛、中华绣线菊灌丛和连翘灌丛等。

桔梗喜温，喜光，耐寒，怕积水，忌大风。适宜生长的温度范围是 10~20℃，最适温度为 20℃，能忍受 −20℃ 低温。在土壤深厚、疏松肥沃、排水良好的沙质壤土中植株生长良好。土壤水分过多或积水易引起根部腐烂。

生育特点　桔梗为多年生宿根性植物，播种后 1~3 年收获，一般 2 年采收。

桔梗种子室温下贮存，寿命 1 年，第二年种子丧失发芽力。种子 10℃ 以上发芽，15~25℃ 条件下，15~20 天出苗，发芽率 50%~70%。5℃ 下低温贮存，可以延缓种子寿命，生活力可保持 2 年以上。赤霉素可促进桔梗种子的萌发。

桔梗播种 15 天后开始出苗，从种子萌发到倒苗，一般把桔梗生长发育分为四个时期。从种子萌发至 5 月底为苗期，这个时期植株生长缓慢，高度约至 6~7 厘米；此后，生长加快，进入生长旺盛期，至 7 月开花后减慢；7—9 月孕蕾开花，8—10 月陆续开花，为开花结时期，一年生开花较少，5 月后晚种的翌年 6 月才开花，二年后开花结实多；10—11 月中旬地上部开始枯萎倒苗，根在地下越冬，进入休眠期，至翌年春出苗。

种子萌发后，胚根当年主要为伸长生长，一年生主根可达 15

厘米，二年生长可达 40~50 厘米，并明显增粗，第二年 6—9 月为根的快速生长期。一年生苗的根茎只有 1 个顶芽，二年生苗可萌发 2~4 个芽。

2 栽培技术

选地整地 选疏松、肥沃、湿润、排水良好的沙质土壤种植。从长江流域到华北、东北均可栽培。前茬作物以豆科、禾本科作物为宜。黏性土壤，低洼盐碱地不宜种植。适宜 pH 为 6~7.5。桔梗喜阳，适宜与幼龄的果树间作，不适宜于密闭度较大的果树间作；适宜的果树树种比较多，例如苹果树、梨树、杏树、樱桃、核桃等，但不适宜与偏酸的板栗等树种间作。

每亩施有机肥 4000 千克，过磷酸钙 30 千克，均匀撒入。深翻 30~40 厘米，整平耙细，做成长 10~20 厘米，宽 1.2~1.5 米，高 15 厘米的畦，或做成 45 厘米宽的小垄种植。

繁殖方式 桔梗的繁殖方式有种子繁殖、根茎或芦头繁殖等。生产中以种子繁殖为主，其他方法很少应用。

◎种子繁殖 在生产上有直播和育苗移栽两种方式。因直播产量高于移栽，且根直，分杈少，便于刮皮加工，质量好，生产上多采用。

① 播期。桔梗一年四季均可播种。秋播当年出苗，生长期长，产量和质量高于春播。秋播于 10 月中旬以前；冬播于 11 月初土壤封冻前播种；春播一般在 3 月下旬至 4 月中旬，华北及东北地区在 4 月上旬至 5 月下旬；夏播于 6 月上旬小麦收割完后进行，夏播种子容易出苗。

② 浸种。播前，可用温水浸泡种子 24 小时，或用 0.3% 的高锰酸钾浸种 12~24 小时，取出冲洗去净药液，晾干播种，可提高发芽率。也可温水浸泡 24 小时后，用湿布包上种子，上面用湿麻袋片盖好放置催芽，每天早晚各用温水淋 1 次，3~5 天后种子萌动，即可播种。

③ 直播。种子直播也有条播和撒播两种方式。生产上多采用

条播。条播按行距
15~25 厘米，深 3~6
厘米，将种子均匀撒
在沟内，覆土盖严种
子，以不见种子为度，
约 0.5~1 厘米。条播
亩用 0.5~1.5 千克种
子。播后畦面要保温
保湿，可以在畦面盖
草，干旱时要浇水。
春季早播的可以采用
覆盖地膜措施。

④ 育苗移栽。育
苗方法同直播。一般
培育 1 年后，在当年
茎叶枯萎后至翌春萌
动前出圃定植。小苗
也可移栽，栽前将种
根小心挖出，勿伤根
系，以免发杈，按大、
中、小分级定植。按
行距 20~25 厘米、沟
深 20 厘米开沟，株距
5~7 厘米，将根垂直
舒展地栽入沟内，覆
土略高于根头，稍压
即可，浇足定根水。

◎ 根茎或芦头繁
殖　可春栽或秋栽，
以秋栽较好。在收获

桔梗时，选择发育良好、无病虫害的植株，从芦头以下 1 厘米处切下芦头，即可进行栽种。

田间管理

◎定苗　苗高 4 厘米左右间苗，若缺苗，宜在阴天补苗。苗高 8 厘米左右定苗，按株距 6~10 厘米留壮苗 1 株，拔除小苗、弱苗、病苗。若苗情太差，可结合追肥浇水，保持土壤湿润。

◎除草　桔梗生长过程中，杂草较多，从出苗开始，应勤除草松土。苗小时用手拔出杂草，以免伤害小苗，每次应结合间苗除草。定植以后适时中耕除草。松土宜浅，以免伤根。植株长大封垄后不宜再进行中耕除草。

◎肥水管理　一般对桔梗进行 4~5 次追肥。苗齐后追肥 1 次，每亩有机肥 1000 千克，以促进壮苗；6 月中旬每亩 1000 千克有机肥及过磷酸钙 50 千克；8 月再追 1 次；入冬植株枯萎后，结合清沟培土再追 1 次。翌年苗齐后，追有机肥 1000 千克，以加速返青，促进生长。整个生育期适当施用氮肥，以农家肥和磷钾肥为主，培育粗壮茎秆，防止倒伏，并能促进根的生长。若植株徒长可喷施矮壮素或多效唑以抑制增高。若干旱，适当浇水；多雨季节，及时排水，防止发生根腐病而烂根。

◎除花蕾　桔梗花期长达 3 个月，要及时去除花蕾以提高产量和质量。可以人工去除花蕾，也可以化学去蕾，生产上多采用人工去除花蕾，10 天左右 1 次，整个花期约 6 次。近年来，开始采用乙烯利除花，方法是在盛花期用 0.05% 的乙烯利喷洒花朵，每亩用药液 75~100 千克，省时省工，使用安全。

◎其他　桔梗根以顺直、少权为佳。直播法相对发权少一些，适当增加植株密度也可以减少发权。桔梗在第二年易出现一株多苗，会影响根的生长，而且易生权根，因此，春季返青时要把多余的芽苗除掉，保持一株一苗，可减少权根。

病虫害防治

◎轮纹病　6 月开始发病，7—8 月发病严重。受害叶片病斑近圆形，直径 5~10 毫米，褐色，具同心轮纹，上生小黑点，严重时叶片由下而上枯萎，高温多湿易发此病。冬季要注意清园，把枯枝、病叶及杂草集中处理。发病季节，加强田间排水。发病初期用1:1:100 波尔多液，或 65% 代森锌 600 倍液，或 50% 多菌灵可湿性粉剂 1000 倍液，或 50% 甲基托布津的 1000 倍液喷洒。

◎斑枯病　为害叶部，受害叶两面有病斑，圆形或近圆形，直径 2~5 毫米，白色，常被叶脉限制，上生小黑点。严重时，病斑汇合，叶片枯死。发生时间和防治方法同轮纹病。

◎蚜虫　在桔梗嫩叶、新梢上吸取汁液，导致植株萎缩，生长不良。4—8 月为害。

◎地老虎　从地面咬断幼苗，或咬食未出土的幼芽。1 年发生 4 代。

留种技术　栽培桔梗最好用二年生植株产的种子，大而饱满，颜色黑亮，播种后出苗率高。留种田在 6 月开花前，每亩施尿素15 千克，过磷酸钙 30 千克，为后期生长提供充足营养，以促进植株生长和开花结实。6—7 月可以去除小侧枝和顶端花序，后期花序也可去除。桔梗种子从上部开始成熟，要分批采收。果实外皮变黄，种子变棕褐色即可采收。也可在果枝枯萎，大部分种子成熟时，一起采回果枝，置于通风干燥的室内后熟 3~4 天，然后晒干脱粒，除去果壳，贮藏备用。若过晚采收，果裂种散，难以收集。

3　采收和初加工

采收　桔梗一般生长 2 年，华北和东北 2~3 年收获，华东和华南 1~2 年收获。一般在秋季地上部枯萎到翌年春萌芽前收获，以秋季采收最好。采收时，先割去地上茎，从地的一端起挖，一次深挖取出，或用犁翻起，将根拾出，或采用药材挖掘机挖出。要防止伤根，以免汁液流出，更不能挖断主根，影响桔梗等级和品质。

初加工　将挖出的桔梗去掉须根及小侧根，用清水洗净泥土，用竹刀或破瓷碗片趁鲜刮去外皮，晒干即可。来不及加工的桔梗，采用沙埋防止外皮干燥收缩。

射干栽培技术

中国射干有栽培种和野生种两大类型，但在植物分类学上同为一个种。野生种和栽培种均能入药。射干的原植物从历代本草上看，主要有花色红黄的射干和花色紫碧的鸢尾两种。但近代以来，尤其是现代，除四川等少数地区用鸢尾的根茎作射干药用外，全国大部分地区则用前者，故药典收载的射干即射干属植物射干的干燥根茎。射干在中国的分布范围较广，除新疆、西藏外，全国其他省区市均有分布。主产于湖北的黄冈、孝感，河南信阳、南阳，江苏江宁、江浦，安徽六安、鞠湖。其中以湖北、河南等地为主要分布区。以湖北产的射干品质好，而河南的产量较大。

1 特征特性

生长习性 喜温暖和光照，耐干旱和寒冷，对土壤要求不严，山坡旱地均能栽培，以肥沃疏松。地势较高、排水良好的沙质壤土为好。中性壤土或微碱性适宜，忌低洼地和盐碱地。

生育特点 当温度在 10~14℃时开始发芽，20~25℃为最适温度，30℃发芽降低。

2 栽培技术

选地整地 选择地势高燥或平地沙质壤土，排水良好为宜。前茬不严，但忌患过线虫病的土地。多施圈肥或堆肥，每公顷 37500~60000 千克，加过磷酸钙

225~375 千克，耕深 16 厘米，耕平做畦。

繁殖方法　多采用根茎繁殖，因为繁殖快，也可用种子繁殖。

◎根茎繁殖　在早春挖出根，将生活力强的根茎切成段，每段有 2~3 个根芽，禁止单芽繁殖，因长势不好。剪去过长的须根，留 10 厘米即可，按行距 30~50 厘米，株距 16~20 厘米栽，穴深 6 厘米，芽向上，将呈绿色的根芽露出土面，其余全部埋入土中，浇水。根茎繁殖在生产中常用，生长快，二年即可收获，能保持纯品。每公顷用根茎 1500 千克。

◎种子繁殖　分育苗移栽和直接播种。

① 浸种　种子发芽率最高 90%，种子繁殖出苗慢，不整齐，持续时间 50 天左右。种子采收后如果湿沙贮藏，种子发芽率高并且快，若采收后把种子晒干，发芽慢，持续时间长。晒干的种子播前要进行种子处理。种子在清水中浸泡一周，每天换一次水，除去空瘪粒，加上细沙轻揉，后用清水清洗除去沙，一周后捞出种子，滤去水分，把种子放入箩筐，用麻袋盖严，经常淋水保持湿润，温度在 20℃左右，15 天开始露白芽，一周后 60% 种子都出芽时，即可播种。

② 覆盖地膜　覆盖地膜是射干生产上的重要技术措施，而提高覆膜质量是搞好地膜覆盖栽培中的关键一环。地膜超薄易老化，且覆膜后受农事频繁操作的影响，易于破损，故覆盖作物有效时间最多 1 年，因此，在射干生产周期内每年要更换地膜。不论是育苗定植，还是根茎栽种，盖膜的方法基本上是相同的，只是育苗定植因畦面上有苗株要在膜上破孔出苗和盖土封严苗孔，多两套工序而已。为了达到盖膜"平、紧、严"的标准，要先将地膜展开置于每畦苗株上，对着苗株开孔，然后套住苗株铺在畦面上。要注意使苗孔与根的部位对齐，以便在覆盖地膜拉平拉紧时，不致使苗与膜孔错位而损伤苗株，然后在畦面两侧和畦的两头培土，并封好苗孔。对覆膜大田要经常检查，及时封堵破损漏洞。射干在栽种后的第二年和第三年，覆膜时间应在 1 月中旬，以利提高地温，促使射干早出苗，早生长，延长生育期。覆膜前，应清除畦面上的废膜和一切

杂物，随后松土深 5~10 厘米，行间应深些，株间应浅些；同时每亩施入复合肥 30 千克左右，在植株旁施下，并培土盖严。如土壤干燥，须浇透水，然后盖膜。

田间管理

◎中耕除草　移栽和播种要经常保持土壤湿润，出苗后要经常松土除草。春季勤除草和松土，6 月封垄后不要松土和除草，在根部培土防止倒伏。若不作种用的植株要及时摘掉花蕾，以利于根茎的生长。生长后期防止乱根，少浇水或不浇水，雨季注意排水。北方越冬，应灌冻水。

◎施肥　射干是以根茎入药的药用植物，故要多施磷钾肥，促使根茎膨大，提高药用部的产量。根据其生长发育特点，每年应追肥 3 次，分别在 3 月、6 月及冬季中耕后进行。春夏以人畜粪水为主，冬季可施土杂肥，并增施磷钾肥。射干是耐肥植物，又是多年生草本植物，叶片肥大，每年均需大量的营养物质才能使其正常生长，因此，要重视追肥，确保生长之需要。为使射干在采收当年多发根茎，并促其生长粗壮，提高产量和质量，必须在生长前期、中期增施肥料，后期控制肥水，即在 7 月中旬以前，在上述每次每亩同等施肥量的基础上再加施 4~6 千克，7 月中旬以后不再施肥，一般不灌水，只有当土壤含水量下降到 20%，植株叶片呈萎蔫状态时才灌溉。这样能促使当年萌发根茎膨大加粗，提高产量和质量。

冬季施肥：增施磷、钾肥，可有效增强植株的抗寒力。磷是植物细胞核的组成成分之一，特别在细胞分裂和分生组织发展过程中更为重要，能促进根系生长，使根系扩大吸收面积，促进植株健壮生长，提高对低温的抗性；钾能促进植株纤维素的合成，利于木质化，生长季节后期能促进淀粉转化为糖，提高植株的抗寒性。因此，为增强射干的防冻抗寒能力，在生长后期，即在霜降前 1 个半月内适当增施磷钾肥，促其充分木质化，以便安全越冬。栽植第二年春天追肥，每公顷施入粪尿 22500 千克，加过磷酸钙 225~375 千克作追肥，促使根部生长。

◎摘薹打顶　在射干的生长期内，除育苗定植当年的植株外，均于每年 7 月上旬开花，抽薹开花要消耗大量养分。因此，除留种田外，其余植株抽薹时须及时摘薹，使其养分集中供于根茎生长，以利增产。据试验，摘薹打顶的可增产 10% 左右，除花蕾的仅增产 5.6%。此外，在植株封行后，因通风透光不良，其下部叶片很快枯萎，这时就应及时将其除去，以便集中更多养分供根茎生长，提高产量和质量，同时，可减轻病菌的侵染。

◎水分管理　射干不耐涝，在每年的梅雨季节要加强防涝工作，以免渍水烂根，造成减产。越冬期要浇防冻水，根据灌水防冻试验，灌水地较非灌水地的温度可提高 2℃以上。灌水防冻的效果与灌水时期有关。最好在立冬前一次灌透，可有效防止冻害。

◎秸秆覆盖　冬灌后，用稻草、麦秆或其他草类覆盖射干，以有效预防冻害的发生。

防病治虫

射干生长期的病害有根腐病、锈病、叶斑病、花叶病等。射干生长期的虫害有黄斑草毒蛾、大灰象甲、大青叶蝉、柑橘并盾蚧、地老虎、蛴螬、蝼蛄、钻心虫等。

◎根腐病　拔除病株，病穴和病区用石灰粉进行土壤消毒，同时用波尔多液喷洒植株。

◎锈病　在幼苗和成株时均有发生，但成株发生早，秋季为害叶片，呈褐色隆起的锈病。发病初期喷 95% 敌锈钠 400 倍液，每 7~10 天喷 1 次，连续 2~3 次即可。

◎柑橘并盾蚧　销毁虫株；用 3% 啶虫脒 2000~2500 倍液或 48% 乐斯本乳油 1000 倍液每隔 7~10 天喷 1 次，连喷 3 次。

3　采收和初加工

◎采收　栽种后 2~3 年收获，在秋季地上部枯萎后去掉叶柄，把根刨出。

◎初加工　地下根茎挖出后，洗净泥土，剪去须根，晒干或烘干即可。

知母栽培技术

百合科知母属在世界和中国只有知母 *Anemarrhena asphodeloides* Bge. 这 1 个物种。别名地参、连母、野蓼、水参、货母、芪母、穿地龙等。为国内常用中药材，应用历史在 2000 年以上，亦为出口药材商品之一。药用部分为其干燥根茎。主要分布于内蒙古、河北、山西、黑龙江、吉林、辽宁，陕西、甘肃、宁夏、河南、山东也有分布。

1 特征特性

知母为多年生草本植物。家种知母用种子繁殖需 4~5 年，用根茎繁殖一般为 3~4 年。多野生于海拔 200~1000 米的向阳山坡、地边、草原和杂草丛中。土壤多为褐土及腐殖质壤土。适应性很强。生育期喜温暖、耐干旱，具有一定的耐寒性。对土壤要求不严。以肥沃疏松、土层深厚的沙质壤土最为适宜。

2 栽培技术

选地整地 选向阳、排水良好、土质疏松的林间地或山地，林缘地种植。每亩施腐熟的厩肥 2000~3000 千克，饼肥 40~50 千克，磷肥 30 千克，均匀撒入地内，耕地 20 厘米深，整平做畦，畦宽 130 厘米。

种植方法

◎种子繁殖 知母种子于大暑前后陆续成熟。采收后脱粒去净杂质，存放于通风干燥处备用。播种时间分为春播与秋播。春播于 4 月进行；秋播在 10—11 月。在整好的畦内，按 30~35 厘米行距开 2 厘米深的沟。将种子均匀撒入沟内，覆土、耧平，稍镇压，浇水，保持地面湿润。20 天左右出苗。每亩约需种子 1~1.5 千克。秋播发芽率高，出苗整齐。

◎分根繁殖　春栽于解冻后、发芽前，秋栽于地上茎叶枯黄后至上冻前进行。在整好的畦内，按行距 30~35 厘米，株距 15~20 厘米开穴，穴深 7 厘米。将刨出的知母地下根茎剪去残茎叶及须根，把有芽头的根茎掰成 4~7 厘米长的小段，每穴放一段，芽头朝上。覆土、浇水。也可在栽种前灌 1 次大水，再整地做畦栽种，但畦面不要过湿，以防烂根。每亩需种根茎 90 千克。

田间管理

播种后，保持土壤湿润，20 天左右出苗。苗高 3~4 厘米时松

土锄草，苗高 7~10 厘米时，按 15~20 厘米的株距定苗。苗期如气候干燥，应适当浇水。用根茎分株栽培的知母当年生长较慢，应浇小水。第二年生长旺盛，需适当增加浇水次数。分根栽种的当年和种子直播的第二年，在苗高 15~20 厘米时，每亩追施过磷酸钙 20 千克加硫酸铵 10 千克。在行间开沟，结合松土将肥料埋入土内。如不需留种，应及时剪去花莛。高温多雨季节要注意排除积水。

病虫害防治

知母的抗病害能力较强，一般不需用农药进行特殊防治。主要虫害有蛴螬，幼虫咬断苗或嚼食根茎。可浇施 50% 马拉松乳剂800~1000 倍液。

3 采收加工及市场前景

采收

栽培知母和野生知母均在春秋两季采刨。春季于解冻后，发芽前，秋季于地上茎叶枯黄后至上冻前。用镐将地下根茎刨出，去掉茎叶须根及泥土即为鲜知母。春秋两季适时采刨的鲜知母折干率高，质量好。野生知母一般以秋季收获为宜。因为春季发芽前不易发现，而发芽后采刨对商品质量有一定影响。栽培知母的收获期，用种子繁殖需 4~5 年，用根茎繁殖一般为 3~4 年。

初加工

◎毛知母　可采用晾晒法和烘干法。晾晒法指将收获的鲜知母放在阳光充足的空场或晾台上，边堆边摔打，每 7 天翻倒 1 次，如此反复多次，直至晒干即为毛知母。一般约需 60~70 天。烘干法指将鲜知母置于烘房火炕上，边烘烤边翻动，使其受热均匀，至半干时，取出放到晾台晾晒，拣湿度大的继续烘烤，至 8~9 成干时，再晾晒，再次进行挑选。这样经过两进两出，即可干燥。烘烤不宜操之过急，防止烤焦。

◎知母肉　趁鲜刮净外皮晒干即为知母肉。如阳光充足，2~3天可晒干。

◎ 多年生藤本药用植物栽培技术

金银花栽培技术

金银花（忍冬）*Lonicera japonica* Thunb. 是载入国家药典的忍冬科忍冬属植物。

忍冬属植物中，多数可入药。如红腺忍冬、山银花或毛花柱忍冬的干燥花蕾或带初开的花皆是药材来源。其中，忍冬的花蕾是药材金银花的主流，主要来源于人工栽培，其他几种植物多为野生，极少入药。忍冬的人工栽培生产区域主要集中于山东与河南两省。山东产的金银花药材俗称"东银花"，河南产的金银花药材俗称"密银花"，品质均优良，驰名中外，以山东金银花药材的产量最大。

1 特征特性

生长习性 原产中国，分布于我国各省。是温带及亚热带树种，生于山坡灌丛或疏林中，根系发达，生根力强，山岭瘠薄地、土丘荒坡、路旁地边、河旁堤岸以及林果行间均可种植，是一种很好的固土保水植物，适应性很强。故农谚讲"涝死庄稼旱死草，冻死石榴晒伤瓜，不会影响金银花"。金银花喜阳、耐阴，耐寒性强，耐干旱和水湿，对土壤要求不严，酸性、盐碱土壤均能生长，但以土质疏松、肥沃、排水良好的沙质壤土上生长最佳，在荫蔽处则生长不良。每年春夏两次发梢，根系繁密发达，萌蘖性强，茎蔓着地即能生根，在当年生新枝上孕蕾开花。

生育特点 金银花为多年生植物。茎细中空，叶对生、叶片卵圆形或椭圆形，花簇生于叶腋或枝的顶端，花冠略呈二唇形，管部和瓣部近相等，花柱和雄蕊长于花冠，有清香，初开时花白色，过2~3天后变为金黄色，故称之为金银花。浆果成对，成熟时黑色，有光泽。花期5—7月，果期9—10月。

金银花生长快，寿命长，其生理特点是更新性强，老枝衰退新枝很快形成。金银花喜温暖湿润、阳光充足、通风良好的环境，

喜长日照。根系极发达，细根较多，生根能力强。以4月上旬到8月下旬生长最快，一般气温不低于5℃均可发芽，适宜生长温度为20~30℃，但花芽分化适宜温度为15℃，生长旺盛的金银花在10℃左右的气温条件下仍有一部分叶子保持青绿色，但35℃以上的高温对其生长有一定影响。

2 林药间作条件下的栽培技术

选地整地　选择向阳、土层较为深厚、土壤肥沃疏松、透气、排水良好，pH值5.5~7.8的沙质壤土种植。金银花喜阳不耐荫蔽，适宜与幼龄的果树间作，不适宜与密闭度较大的果树间作。适宜果树树种较多，如苹果树、梨树、杏树等。

选好地后，深翻土壤30厘米以上，打碎土块。栽植密度可选2米×1.5米或2米×1米的株行距，即每亩栽苗220株或 330 株。4 月初挖定植沟，沟宽 80 厘米，深 80 厘米，或挖定植穴，穴大小 80 厘米 × 80 厘米 × 80 厘米，每穴底施有机肥（N+P$_2$O$_5$+K$_2$O>4%）5 千克或农家肥 15 千克，与土壤拌匀。

繁殖方式

◎种子繁殖　8—10 月从生长健壮、无病害的植株或枝条上采收充分成熟的果实，采后将果实搓洗，用水漂去果皮和果肉，阴干后去杂。将所得纯净种子在 0~5℃ 温度下，层积至翌年 3—4 月播种。播种前先把种子放在 25~35℃ 温水中浸泡 24 小时，然后在温室下与湿沙混拌催芽，当 30%~40% 的种子裂口时，即可播种。覆土 1 厘米，每 2 天喷水 1 次，10 余日即可出苗。秋后或翌年季移栽，苗床播种以每平方米 100 克宜。

◎扦插繁殖　扦插可在春、夏和秋季节进行，雨季扦插成活率最高。扦插选用株型健壮，叶片翠绿，开花次多，花量多，质优，产量高，无病虫害，3 年生以上的枝条，将上部半木质化枝条斜面剪成 30~35 厘米段，摘去下部叶子作为插条，随剪随用。扦插前用生根粉蘸一下（注意不能用金属容器稀释生根粉），然后在备好的苗床上，按行距 20 厘米开沟，把插条斜立着放到沟里，株距 2 厘米，插深为 6~10 厘米，露出 1~2 个腋芽为宜，填土压实，插后浇透水，每隔 2 天浇 1 遍水，浇水 3~5 次，半月左右即能生根。春插苗当年秋季可移栽，夏秋苗可于翌年春季移栽。

◎压条繁殖　6—10 月间，用富含养分的湿泥垫底，取当年生花后枝条，并将其用肥泥压上 2~3 节，上面盖些草以保湿。2~3 个月后可在节处生出不定根，然后将枝条在不定根的节眼后 1 厘米处截断，使其与母株分离独立生长，然后栽植。

田间管理

◎定植　春、秋两季均可定植，在挖好的穴坑内栽植金银花，覆土后适当压紧，浇透定植水。

◎松土培土除草　每年春初地面解冻后和秋冬地冻前进行松土和培土工作，保持植株周围无杂草。

◎施肥与排灌水　每年早春、初冬，结合松土除草，在植株四周开环状沟，每株追施尿素 0.1 千克，或 0.15 千克复合肥。另外，可在花前见有花芽分化时，每株追施复合肥 0.1 千克或叶面喷施 0.2%~0.3% 的磷酸二氢铵溶液等。金银花虽抗旱、耐涝，但要丰产仍需一定的水分。萌芽期、花期如遇干旱，应适当灌溉。雨季雨水过多时要特别注意排涝，因长期积水影响土壤通气，根系缺氧严重时会引起根系死亡，叶面发黄，树木枯死。

◎整形修剪

① 整形。通常栽后 1~2 年内主要是培育直立粗壮的主干。定植后当主干高度在 30~40 厘米时，剪去顶梢，以解除顶端优势，促进侧芽萌发成枝。第二年春季萌发后，在主干上部选留粗壮枝条 4~5 个，作为主枝，其余的剪去，以后将主枝上长出的一级侧枝保留 6~7 对芽，剪去顶部；再从一级侧枝上长出的二级侧枝中保留 6~7 对芽，剪去顶部。经过上述逐级整形后，可使金银花植株直立，分枝有层次，通风透光好。

② 修剪。修剪分冬、夏两个时期。一是冬剪，也叫休眠期修剪，即在每年的霜降后至封冻前进行修剪。剪除病、弱、枯枝，原则是"旺枝轻剪，弱枝重剪，枯枝全剪，枝枝都剪"。保留健壮枝条，对所剩余枝要全部进行短截，以形成多个粗壮主侧干，逐年修剪形成圆头状株型或伞形灌木状，促使通风透光性能好，既增加产量，又便于摘花。二是夏剪，也叫生长期修剪。是剪除花后枝条的顶部，促使多发新枝，以达到枝多花多的目的。因为金银花的花芽只在新抽生的枝条上进行，开过花的枝条虽然能够继续生长，但不能再次开花，只有在原结花的母枝上抽生的新枝条才能形成花蕾开花。

病虫害防治

◎病害防治　主要为褐斑病。为害叶片，7—8 月发病。要及时清除病株、病叶，加强栽培管理，增施有机肥料，以增强抗病力。另外，在发病初期用 1 ∶ 1.5 ∶ 200 波尔多液喷施，可有效防治褐斑病。

◎虫害防治　主要虫害为蚜虫和咖啡虎天牛。防治蚜虫可用

40% 乐果乳油 1000~1500 倍液预防和喷杀。防治咖啡虎天牛可烧毁枯枝落叶，以毁灭其虫卵生长环境；或 7—8 月人工释放天敌赤腹、姬蜂和肿腿蜂，适宜释放密度为 1500 头 / 公顷，防治效果明显。另外还可采用糖醋毒液（1 糖：5 醋：4 水：0.01 敌百虫）进行诱杀。

3 采收和初加工

采收　一般 5 月中旬、下旬采摘第一茬花，一个月后陆续采摘花 2~3 茬。摘花最佳时间是每日 11 时左右，绿原酸含量最高，应采摘花蕾上部膨大略带乳白色，下部青绿，含苞待放的花蕾。过早、过迟采摘都不适宜，会影响花的药材品质。应先外后内、自下而上进行采摘，注意不能带入枝杆、整叶及其他杂质，花蕾采下后尽量减少翻动和挤压，要及时送晒场或烘房。

加工　采收的花蕾，若采用晾晒金银花，以水泥石晒场晒花最佳。要及时将采收的金银花摊在场地，晒花层要薄，厚度 2~3 厘米，晒时中途不可翻动，未干时翻动会造成花蕾发黑，影响商品花的价格。以曝晒一天干制的花蕾商品价值最优。晒干的花，其手感以轻捏会碎为准。晴好的天气当天即可晒好，当天未能晒干的花，晚间应遮盖或架起，翌日再晒。采花后如遇阴雨，可把花筐放入室内，或在席上摊晾，此法处理的金银花同样色好、质佳。另外，可采用烘干法烘花，一般在 30~35℃初烘 2 小时，再升至 40℃左右。经 5~10 小时后，保持室温 45~50℃，烘 10 小时后，鲜花水分大部分排出，再将室温升高至 55℃，使花速干。一般烘 12~20 小时即可全部干燥。超过 20 小时，花色变黑，质量下降，故以速干为宜。烘干时不能翻动，否则容易变黑。未干时不能停烘，否则会发热变质。

五味子栽培技术

　　五味子为木兰科植物五味或华中五味子的干燥成熟果实。别名玄及、会及、五梅子、山花椒、壮味、五味、南五味子、南五味、北五味子、北五味、华中五味子、面藤子、血藤子。北五味子，又名辽五味子，辽五味，北五味，为北五味子的成熟果实。主产于黑龙江、辽宁、吉林、河北等地。为传统正品，品质优良。南五味子又名南五味、山五味子、西五味、西五味子、川五味、川五味子、华中五味子、红铃子。为植物南五味子的成熟果实。主产于山西、陕西、云南、四川等地。为五味子副品，品质较次。

1　特征特性

　　生长习性　五味子喜肥沃、湿润、疏松，土层深厚，含腐殖质多，排水良好的暗棕壤，不耐水湿地，不耐干旱贫瘠和黏湿的土壤，因此，五味子天然株丛多分布于溪流两岸的针阔混交林缘，林间空地，采伐迹地。以半阴坡毛榛子、山杨、白桦林和毛榛子、珍珠梅、水曲柳、胡桃楸林内天然五味子贮量最多，达 0.8~0.7 吨 / 公顷年，而阴坡、平坦地，土壤过湿的毛

榛子、云杉、红松林下五味子贮量少，为 1 年每公顷 0.16 吨。干旱阳坡柞林，以及冷湿落叶松林，云冷杉林下则很少有五味子。

生育特点　北京市延庆区五味子的物候期在 4 月初进入树液流动期，4 月中旬萌芽，5 月上旬展叶，展叶后新梢开始生长，期间新梢有两次生长高峰，第一次在 5 月下旬至 6 月中旬，第二次在 7 月下旬至 8 月上旬，到 9 月中上旬停止生长。5 月下旬至 6 月初进入花期，开花期 10~14 天，单花花期 6~7 天，花期结束后进入果实生长期（6 月初~7 月下旬），7 月下旬果实开始着色，8 月下旬进入果熟期，至 9 月下旬果实完全成熟。9 月末 10 月初进入休眠期。

2　林药间作条件下的栽培技术

选地整地　选地选择土壤肥沃、土层深厚、排水良好的林缘地或熟地，以腐殖土和砂质壤土为好，选好地，移栽前施用有机肥 4 米³/亩，复合肥 50 千克/亩。施肥后旋地。

繁殖方式　移植一般在 4 月下旬至 5 月上旬移栽，行株距 120 厘米 × 50 厘米，为使行株距均匀，可以拉绳定穴，在穴的位置上

做一标志，然后挖成深 30~35 厘米，直径 30 厘米的穴，每穴栽 1 株。栽时要使根系舒展，防止窝根与倒根，栽后踏实，灌足水，待水渗完后用土封穴。15 天后进行查苗，没成活的需进行补苗。

田间管理

◎水肥管理　一年进行 3 次灌溉，每次 15~20 米^3/亩，分别为返青水、开花水和催果水，统一采用滴灌的方式进行。第二年开始每年三月返青时追肥，每次追施有机肥 2 米^3/亩，复合肥 50 千克/亩。

◎整枝修剪　剪枝五味子枝条春、夏、秋三季均可修剪。春剪一般在枝条萌芽前进行。剪掉过密果枝和枯枝，剪后枝条疏密适度，互不干扰。夏剪一般在 5 月上中旬至 8 月上中旬进行。主要剪掉基生枝、膛枝、重叠枝、病虫枝等，同时，对过密的新生枝也需要进行疏剪或短截。夏剪进行得好，秋季可轻剪或不剪。秋剪在落叶后进行，主要剪掉夏剪后的基生枝，并在修剪伤口处及时涂抹愈伤防腐膜，促进伤口愈合，防止病菌侵袭感染。不论何时剪枝，都应选留 2~3 条营养枝，作为主枝，并引蔓上架。用促花王 3 号喷施，大大促进花芽分化，提高开花坐果率，抑梢狂长，彻底均衡大小年。

◎搭架移植　后第二年即应搭架。可用水泥柱或角钢做立柱，用木杆或 8 号铁线在立柱上部拉一横线，每个主蔓处立一竹杆或木杆，竹杆高 2.5~3 米，直径 1.5~5 厘米，用绑线固定在横线上，然后引蔓上架，开始时可用强绑，之后即自然缠绕上架。

3　采收和初加工

采收与加工 8 月下旬至 10 月上旬进行采收，随熟随采。采摘时要轻拿轻放，以保障商品质量。加工时可日晒或烘干。烘干时，开始时室温在 60℃左右，当五味子达半干时将温度降到 40~50℃，达到 8 成干时挪到室外日晒至全干，搓去果柄，挑出黑粒即可入库贮藏。

◎ 多年生木本药用植物栽培技术

　　北京地区采用多年生木本药用植物作为景观美化种植的种类也较多，例如玫瑰、牡丹、连翘等，由于玫瑰和牡丹的栽培技术在本套书《北京沟域花卉作物栽培技术手册》中有介绍，本节只以连翘为例介绍多年生木本药用植物栽培技术。

连翘栽培技术

药用连翘为木犀科连翘属植物连翘的干燥果实。全世界有 11 种，大多源自中国，有些源自朝鲜和日本，源自于欧洲南部的只有 1 种。在中国，广泛分布于河北、山西、陕西、甘肃、宁夏、山东、江苏、河南、江西、湖北、四川及云南等省区。

1　特征特性

生长习性　连翘耐寒、耐旱、耐瘠，对气候、土质要求不高，适生范围广。在干旱阳坡或有土的石缝，甚至在基岩或紫色沙页岩的风化母质上都能生长。连翘根系发达，虽主根不太显著，但其侧根都较粗而长，须根众多，广泛伸展于主根周围，大大增强了吸收和固土能力；连翘耐寒力强，经抗寒锻炼后，可耐受 −50℃低温，其惊人的耐寒性，使其成为北方园林绿化的佼佼者；连翘萌发力强、发丛快，可很快扩大其分布范围。因此，连翘生命力和适应性都非常强。

生育特点　连翘的萌生能力强，无论是平茬后的根桩还是干枝，都具有较强的萌生能力，可以较快地增加分株的数量，增大其分布幅度；连翘枝条的连年生长不强，更替快，随着年龄的增加，萌生枝以及萌生枝上发出的短枝，其生长均逐年减少，并且短枝由斜向生长转为水平生长；连翘的丛高和枝展幅度不同年龄阶段变化不大。由于连翘枝条更替快，加之萌生枝长出新枝后，逐渐向外侧弯斜，所以尽管植株不断抽生新的短枝，但其高度基本维持在一个水平上。

连翘结果早，8~12 年为结果盛期，12 年后产量明显下降，需采取更新复壮措施；连翘枝条的结果龄期较短，其产量主要集中在 3~5 年生枝条上，5 龄以后每个短枝上的平均坐果数逐年降低，产量明显下降。

2　栽培技术

选地整地

◎育苗地　应选择阳光充足、背风土壤疏松、肥沃、腐殖质含量高的沙质壤土地块进行育苗。要求耕翻深度 24~30 厘米，平整地面。结合耕翻每亩施农家肥 5000 千克。然后整平作畦，畦宽100~120 厘米，垄高约 25 厘米，四周开好排水沟以利排水，沟宽18~24 厘米，沟深 15 厘米。此选地整地方式亦适合于扦插育苗。

◎移栽地（大田）　连翘为深根性植物，其根系发达，入土较深，喜肥，怕积水。移栽地（大田）应选择土层深厚、背风向阳、疏松肥沃，腐殖质含量高，排水良好的熟地，以中性土壤为佳。种植前翻耙两次，然后按株距 1.5 米，行距 2 米，挖穴。每穴施腐熟厩肥或土杂肥 20~30 千克。

繁殖技术

连翘可用种子、扦插、压条、分株等方法进行繁殖。生产上以种子、扦插繁殖为主。

◎种子繁殖 选择生长健壮、枝条间短而粗壮、花果着生密而饱满、无病虫害、品种纯正的优势单株作母树。一般于9月中、下旬到10月上旬采集成熟的果实。要采发育成熟、籽粒饱满、粒大且重的连翘果，然后薄摊于通风阴凉处，阴干后脱粒。经过精选去杂，选取整齐、饱满又无病虫害的种子，贮藏留种。连翘种子采用干燥器贮存较好。连翘种子容易萌发，栽培时间可安排在春季或冬季，春播在4月上、中旬，冬播在封冻前进行。播前可进行催芽处理，选择成熟饱满的种子，放到30℃左右温水中浸泡4小时左右，捞出后掺3倍湿沙拌匀，用木箱或小缸装好，上面封盖塑料薄膜，置于背风向阳处，每天翻动2次，经常保持湿润，10多天后，种子萌芽，即可播种。

播种时，在整好的畦面上，按行距20~25厘米，开1厘米深的沟，将种子掺细沙，均匀地撒入沟内，覆土耧平，稍加镇压。10~15天幼苗可出土。每亩用种量2~3千克左右。覆土约1厘米，盖草保持湿润。种子出土后，随即揭草。苗高10厘米时，按株距10厘米定苗，第二年4月上旬苗高30厘米左右时可进行大田移栽。也可采用大田直播，按行距2米，株距1.5米开穴，施入堆肥和草木灰，与土拌和。3月下旬至4月上旬开始播种，也可在深秋土壤封冻前播种。每穴播入种子10余粒，播后覆土，轻压。注意要在土壤墒情好时下种。

◎插条繁殖 秋季落叶后或春季发芽前，均可扦插，但以春季为好。选1~2年生的健壮嫩枝，剪成20~30厘米长的插穗，上端剪口要离第一个节0.8厘米，插条每段必须带2~3个节位，然后将其下端近节处削成平面。为提高扦插成活率，可将插穗分扎成30~50根1捆，用500毫克/千克ABT生根粉或500~1000毫克/千克吲哚丁酸溶液，将插穗基部（1~2厘米处）浸泡10秒钟，取出晾干待插。南方多于早春露地扦插，北方多在夏季扦插。插条前，将苗床耙细整平，作高畦，宽1.5米，按行株距20厘米×10厘米，斜插入畦中，插入土内深18~20厘米，将枝条最上一节露出地面，然后埋土压实，天旱时经常浇水，保持土壤湿润，但不能太湿，否则插穗入土部分会发黑腐烂。加强田间管理，秋后苗高可达50厘米以上，于次年春季即可挖穴定植。

田间管理

◎定植　栽植时要使苗木根系舒展，分层踏实，定植点覆土要高于穴面，以免雨后穴土下沉，不利成活和生长。为克服连翘同株自花不孕，提高授粉结果率，在其栽植时必须使长花柱花与短花柱花植株定植点合理配置。栽植时，苗木大小要进行分级，使两种植株生长基本一致，林相整齐，有利授粉，提高产量。

◎中耕除草　夏季雨水较多，容易生长许多杂草，要及时清除。除草时一要将草根挖出（尽可能用锄除草）；二要保护连翘幼苗，切不可伤损苗根；三要依具体情况而定，若苗太小，可用手拔草，苗大时可结合中耕松土进行除草。有条件的一年中应除草3次，即在春、夏、秋季，以保证连翘健壮生长。

◎肥水管理　连翘怕积水而耐旱力较强。苗株成活后一般不需要浇水，但幼苗期和移栽后缓苗前，天旱时须适当浇水。待苗长至50厘米以上时，可施稀薄人粪尿1次。次年春季，结合松土中耕，追施1次土杂肥，每穴施肥2.5~5千克，在株旁开浅沟施入，盖严，并向根部培土。第3年春季再结合松土除草，施厩肥，并多施些磷钾肥。每亩施腐熟人粪尿2000~2500千克或尿素15千克，过磷酸钙40千克，氯化钾20千克，可在植株周围沟施，及时覆土浇水，以促其开花结果。若遇连阴雨，应注意及时排涝，防止积水浸泡或淹没幼苗，同时也可避免因积水而引起早期落叶，影响花芽分化等。第4年以后，植株较大，田间郁闭，为满足连翘生长发育的需要，每隔一定时间（一般是 4 年），深翻林地 1次，每年 5 月和 10 月各施肥 1 次，5 月以化肥为主，10 月施土杂肥。化肥每株施复合肥 0.3 千克，优质土杂肥每株施 20~30 千克，于根际周围沟施。必要时，在开花前喷施 1% 过磷酸钙水溶液，以提高座果率。

◎合理剪枝　由于连翘基部萌蘖力很强，每年都要抽出许多徒长枝，消耗大量养分，导致树势减弱，影响产量。因此，合理进行整枝修剪，去弱留强，培养开花结果壮枝，是保证连翘丰产的基础。冬季修剪，以疏剪为主，短截为辅，即每株除保留 3~5个生长旺盛的主枝外，其余全部从基部剪除，同时为了控制长枝的生长，促使抽生壮枝，对部分枝条可适当短截，一般留 6~8 个叶芽为宜。对已经开花结果多年、开始衰老的结果枝群，也要进行短截或重剪，可促使剪口以下抽生壮枝，恢复生长势，提高结果率。对因管理不善，生长过弱的"小老树"，可通过清除基部多余枝条，培养主枝，结合适当的短截或重剪，促使其抽生壮枝，以扩大结果面积，提高结果率。对于徒长枝（明条）一般于 6 月从基部进行剪除，同时剪去过密枝、病弱枝和老枝，保留需培养的健壮生长枝。

3　采收和初加工

◎采收　因采收时间和加工方法不同，中药将连翘分为青翘、黄翘两种。青翘于 9 月上旬采收未成熟的青色果实，黄翘于 10 月上旬采收熟透的黄色果实。

◎初加工　青翘用沸水煮片刻或蒸半个小时，取出晒干即成。以身干、不开裂、色较绿者为佳；黄翘晒干，除去杂质，习称"老翘"。以身干、瓣大、壳厚、无种子、色较黄者为佳。

第四章

药用植物景观应用典型案例

◎ 创意景观
◎ 主题园区
◎ 科普基地
◎ 专业乡村
◎ 点缀道路

功效：安神益智，交通心肾，祛痰，消肿

主治：心肾不交引起的失眠多梦、健忘惊悸，
　　　神志恍惚，咳痰不爽，疮疡肿毒，
　　　乳房肿痛

奥运健康人

【地理位置】该景观地处北京延庆区珍珠泉乡，东南部与怀柔县毗邻，北与千家店镇接壤，西与四海镇相连。全乡地处深山区，坡陡沟深，地形复杂。属大陆季风气候，年平均气温比北京低 5℃左右，无霜期为 145 天。

【现状分析】场地位于广场的东北角，长约 100 米，宽约 58 米，面积约为 5800 米²，地势北高南低，表面基本平坦，适宜植物生长。场地西北侧建设有特色农家院落，南侧为已经投入使用的花境景观，主要采用条带或分片种植，以红色、紫色为主要色调。场地西南侧临近广场主要道路与主要花境景观，分析可知场地西南侧的人流量较大。

【创意理念】结合延庆区中药材产业、景观休闲产业以及北京申办 2022 年冬奥会的时代主题，创意景观以单板滑雪运动员为主题，人形上侧搭配奥运五环图案，下侧搭配"Beijing""2022"字样。人形边界通过道路围合，游客可以从左侧人手处与右侧滑板顶端进入图案之中，人体的植物选择以药用植物为主，并与治疗人体的部位相对应，使游客在游玩的同时，了解到丰富的中医知识。

【种植设计】

与周围花镜色彩相协调。场地已有花镜主要色调为红色与紫色。为与原场地色调相协调，方案的主色调选为绿色、紫色、灰白色，由于这三个颜色均属于冷色系，会使图案缺乏活力，因此在图案右上方设计了暖色较多的五环图案，并在紫色边缘搭配黄色，通过红色与黄色两种暖色活跃图案。其中，紫色与原场地色彩相呼应，灰白色为道路，可清晰地将人形图案限定出来，图案中面积最大的颜色为绿色，绿色带给人一种自然安静的感受，作为背景颜色，起统一色调的作用。

药用植物与景观植物相结合。图案要同时满足观赏与中草药知识科普的两种功能，考虑到药用植物观赏性较差，在植物的选择上采用药用植物与景观植物相结合的方式，取长补短。在人形图案内主要采用药用植物，与治疗人体的部位相对应。人形外侧主要采用观赏效果较好的景观植物，弥补药用植物观赏性较差的缺点。

色叶植物与开花植物相结合。珍珠泉广场春、夏、秋三季都会吸引大量游客前往，为确保游客能够看到较好的景观效果，在植物的选择上要尽量确保三季有花，随季节变化图案的不同区域颜色区分均要明显，因此采用色叶植物与开花植物相结合的方式，可在满足景观效果的前提下，确保图案清晰可见。但不建议使用花叶植物，会使图案杂乱。

【种类选择】（见表4-1）

表4-1 "奥运健康人"创意景观种植种类

底色镶嵌	白色底板	香雪球	人体	脑	远志
镶嵌	紫色边线	酢浆草		眼	扁茎黄芪
	黄色边线	金叶薯		鼻	细心
五环	红色五环	红色矮牵牛		口	薄荷
	黄色五环	黄色矮牵牛		肺	玉竹
	蓝色五环	蓝色矮牵牛		心	丹参
	黑色五环	深紫色鸭跖草代替		肝	菊花
	绿色五环	绿草		脾	白术
人体	肌肉	垂盆草		肾	地黄
	关节牛膝	牛膝		膀胱	车前

道家阴阳鱼

【**地理位置**】道家阴阳鱼位于延庆区大榆树镇阜高营村百草园内。距北京 85 千米、延庆区城 7.5 千米，在东南玉皇山脚下，距八达岭高速 4 千米，交通便利。延庆滨河南路逶迤其下，道路两侧林木茂盛，景色宜人，毗邻百草园有妫河及南湖。

【**现状分析**】延庆区大榆树镇具有 3000 亩中药材种植基地，成梯田分布，园区内种植 30 多种中药材，包括木本、藤本、草本等多种，每种药材都配备中英文标牌，可供游客学习、观赏，但是园区内缺乏具有视觉冲击力的景观。

【**创意理念**】该景观位于延庆区大榆树村百草园内，借助园区道地中药材生产、多种中药资源科普，以及中医药文化体验等内容，利用不同中药材种类，根据不同花色、花期，利用景观学基础，通过合体搭配，种植道家阴阳八卦图，供游人参观，弘扬中医药和道家文化。

【**种植设计**】选择梯田中地势平坦、可俯视的地块进行景观打造；所选用药材药生育期同步、植株高度一致，花期一致，但花色色差度较大。

【**种类选择**】以板蓝根为底色，由万寿菊和千日红组成阴阳鱼。

黄芩茶园

　　黄芩根是大宗用药，以干燥根入药，具有清热燥湿、泻火解毒、止血、安胎等功效，是清开灵、双黄连合剂等国家基本药物的主要原料，年需求量巨大；黄芩幼嫩的茎叶可制作特色保健茶饮——黄芩茶，近年来随着人们保健意识的增强，黄芩茶产业在北京延庆、门头沟以及内蒙古等地区正在兴起，对优质茶原料的需求也在日益增加；而黄芩株型多样，花朵形状独特，色彩艳丽且花期长，能满足人们对新、奇、特观赏植物的需求。

　　黄芩仙谷自然风景区位于北京市门头沟区斋堂镇，由斋堂镇政府、北京瓷茗缘文化发展有限公司合作开发。黄芩仙谷种植近千亩黄芩，可供游客7—10月赏黄芩花、摘黄芩叶、户外写生和婚纱摄影；配合黄芩加工基地，游客更可以游览茶文化博物馆、体验黄芩茶加工、品特色茶饮、山林养生和休闲度假。

　　除门头沟黄芩仙谷景外，延庆区千家店镇花盆村、房山区史家营镇请云台村、房山区霞云岭景区等都有大面积的黄芩茶园供市民游客采茶、休憩。

玫瑰情园

　　玫瑰情园位于北京市密云区巨各庄镇蔡家洼村，现种植面积1500多亩，目前有"丰花1号"、"四季玫瑰"和"大马士革"等多个玫瑰品种，并引进了7个色系的十余种月季蔷薇。景区围绕玫瑰文化产业，引入中世纪欧洲贵族马车及驿站的概念，选取希腊、威尼斯、米兰、巴黎四个以浪漫著称的城市，通过微缩景观设计手法来设计，在玫瑰园中打造相识、相知、相恋、相守的欧洲浪漫城市之旅，是北京首家集休闲观光、产品展销、农业科普及徒步健身为一体的多功能主题公园。

　　此外，北京地区门头沟妙峰山玫瑰和延庆四季花海沟域玫瑰可供京郊市民前来观赏、采摘、体验。

牡丹香园

牡丹花被拥戴为花中之王，有关文化和绘画作品很丰富。牡丹素有"国色天香"、"富贵之花"、"花中之王"的美称。牡丹根皮入药，名曰"丹皮"，是典型的观赏药用植物。北京市目前以牡丹作为大田栽培的经济作为比较少，主要以观光主题园区为主，例如，房山琉璃河天香牡丹园、延庆旧县妫州牡丹园、延庆大观头牡丹园和怀柔桥梓镇国色天香牡丹园等。

房山区琉璃河天香牡丹园　房山区琉璃河天香牡丹园位于琉璃河镇平各庄检查站附近，园区内集牡丹观赏、盆栽牡丹展销、草莓采摘、亲子娱乐与一体的度假园区。牡丹园内种植400多个优质品种的牡丹花和芍药花，是北京地区著名的牡丹观赏园，赏花面积达

100亩地。园区赏花小道纵横交错，曲径通幽，环境优美，另有50亩茂密树林、草莓采摘区、生存拓展训练。

延庆旧县妫州牡丹园　妫州牡丹园位于旧县镇常里营村，毗邻龙庆峡。园内牡丹花包括凤丹、香玉、雪塔、乌金耀辉、乌龙捧盛、紫二乔、大胡红、胜葛巾、鲁菏红、丛中笑、银红巧对、菱花湛露、冠世墨玉等众多品种。此外，妫州牡丹园还设置了休闲度假区，为游客准备了垂钓、采摘等休闲旅游项目；园内住宿区既有小木屋，也可在草地上自行搭建帐篷。

延庆大观头牡丹观园　延庆大观头牡丹观园位于延庆区刘斌堡乡大观头村，牡丹面积200余亩，由大观头村村委会与中国农业科学院、中国科学院合作建设。主要用于中国牡丹、芍药种质资源保存、种苗规范化生产、育种示范等牡丹研究。虽然主要用于科研，但也对市民免费开放，与其他牡丹园相比基础条件要差一些，不过由于气候原因，这里牡丹进入花期，应该是北京地区牡丹开花最迟的地方了，有喜欢的市民可以前去观赏。

风情菊园

位于怀柔区喇叭沟门满族乡内的"喜鹊登科"满族风情园占地面积 500 亩，位于北京怀柔区满韵汤河沟域。主要种植金莲花、茶菊等菊科药用植物及谷子、荞麦等特色杂粮作物，同时营造出多种农业景观。目前园区以"公司＋基地＋合作社"的生产经营模式，形成生产、加工、销售、观光、采摘一条龙服务，并通过定期的互动活动推介花卉文化和乡土文化。该园区金莲花花期 6—9 月，茶菊花期 9—10 月，游客不必到坝上就能在京郊领略大面积金莲花景观。金莲花除了观光功能外，经济效益也非常可观，金莲花茶经过包装售价可达每千克 400 元，种子价格每千克达到 2000 元左右。

百草园

【地理位置】百草园位于延庆区大榆树镇阜高营村。距北京 85 千米、延庆区城 7.5 千米，在东南玉皇山脚下，距八达岭高速 4 千米，交通便利。延庆滨河南路逶迤其下，道路两侧林木茂盛，景色宜人，毗邻百草园有妫河及南湖。

【现状分析】延庆区大榆树镇阜高营村有种植中药材的悠久历史。尤其近年来，随着农业产业结构的调整，该村现已建成了中药材种植基地，种植品种主要是黄芩，还有部分板蓝根、牛膝、知母、桔梗、白芷等。园区南部毗邻玉皇山，在山上还生长着许多野生中药材，在 7—9 月 3 个月不同品种的药材花满山，遍地开放，五彩缤纷，构成了一幅天然的生态美丽景观，同时在地边种植各种枣树，及各种不同中药材可供游人采摘。

【创意理念】以鲁迅先生的"从三味书屋到百草园"文章为引子，本百草园以近百种药用植物种植为主，将文化创意与传统农业相结合，引导人们识别药用植物、了解药用部位和功效，从而达到寓教于乐的中医药文化科普。

【种植设计】以科普教育为主，按照药用植物药用部位分类包括全草类、根茎类、花果类；同一类别中按照植株性状进行搭配，包括草本、藤本和木本，以及植株株高、花期和花色等条带种植。

【种类选择】以道地药材、野生药材及适宜北京种植的大宗药材种植为主。

草根堂

【地理位置】草根堂农场位于北京市房山区石楼镇大次洛村西园子，京港澳高速琉璃河收费站出由环岛走第1个出口进入岳琉路，右转进入顾郑路，左转进入瓦梨路西园子路口左转行驶510米到达草根堂农场，适合以家庭为单位自驾驱车前往。

【现状分析】北京草根堂种养殖专业合作社成立于2011年3月，经北京市工商行政管理局批准成立。现有固定资产1000万元，经营土地2000余亩，其中230亩绿化用苗圃园，1800亩林下中草药种植基地，70余亩林下景观休闲娱乐。自2014年起，合作社种植业以林下种植为主，以中药材种植为中心，主要品种有白术、白芷、丹参、川芎、防风、天南星等。在着力发展中草药种植的同时，合作社还结合中草药种植的特长和林下种植的特色，开发出了别具一格的中草药科普、林下狩猎、餐饮娱乐、农家体验和青少年户外拓展等一系列项目，每年接待游客超过5万人。草根堂农场旗下拥有青少年户外科普基地一个，占地40000平方

米，二期规划面积 200000 平方米。基地拥有一条长达 150 米的文化长廊，长廊为观赏展示了农耕文化、传统文化、自然教育、有机农业等。此外，基地还拥有一间可以为小朋友开设创意手工烘焙课程的教室。

【创意理念】以体验为主，通过亲身体验和感受，与自然建立连接，培养坚定意志，富足自我精神，享受自然的神奇和乐趣。让实践者在快乐中学习、感悟和传承中国传统文化，实现情感、意志、心灵和谐发展。努力营造一个充满生命力的人文与自然交融空间，让家长和孩子们、充满活力的年轻人和希望重温童年乐趣的成人，都可以在这里找到属于自己的天地。

【种植设计】经过深入调研分析近几年的中草药市场情况，种植中心选用白术、白芷、丹参、川芎、防风、天南星 6 种较为适合林下种植且市场价值高的品种。青少年户外科普基地选用 30 余种具有重要科普价值的中草药进行搭配种植。采用分区种植方法，方便游人观赏学习。

【种类选择】以道地药材、常见药材及适宜北京林下种植的药材种植为主。

金银花采摘园

【地理位置】务滋村元位于北京市房山区琉璃河镇镇的东北部，原名务子村，清以后演变为务滋。因地近小清河，历史上小清河曾有航运之利，于此设码头，酒务、河务兴盛而得名。

【经营现状】务滋村种植金银花 2600 亩，其中 2500 亩是与果实间作，目前还没有进入盛花期，而大田种植 100 亩，引进的 5 年生以上的大苗子。2010 年移栽当年即进入盛花期。品种主要是巨花一号。该村从河北省巨鹿县请了一位老把式，主要采用的巨鹿县当地金银花传统的生产技术，包括金银花的扦插育苗技术、整形修剪技术、施肥、病虫害防治技术以及加工技术。该村进入盛花期的 100 亩金银花平均亩产 35.2 千克干花，该村主要采用礼品盒金银花茶销售，600 克 / 盒，市场售价 360 元。亩纯效益 21120 元，除去成本费 6050 元，亩效益为 15070 元。

【采摘效益】2011 年 5 月金银花盛开之际，北京电台、京郊日报、北京晚报以及北京电视台青少年频道等相约对京郊市民可以采摘金银花进行了报道宣传。采摘金银花不仅为京郊市民的京郊游添上了绚丽的一笔，而且也带动了当时京郊游的客流量，从而带动当地农民致富。据不完全统计，仅房山务滋村接到咨询金银花采摘的电话 40 余个，2011 年累计接待市民采摘金银花人数 100 余人，累计采摘金银花鲜花 625 千克，按每千克鲜花 60 元计算，创收 37500 元，比原金银花烘干后增收 12500 元，增收 50%。

五味子采摘园

【地理位置】五味子采摘园王仲营村位于井庄镇西部浅山地区，全村 65 户，145 口人，满族占全村人口的 39.4%。村域面积 838 亩，耕地面积 720 亩，其中水浇地 400 亩。村内产业以第一产业为主，2008 年开始重点发展中药材五味子种植也和肉鸡养殖业。

【发展理念】王仲营村农业主导产业为中药材五味子特色种植业。王仲营村人口少、土地面积多，而且成方连片，有一定的水利灌溉基础。2007 年该村到辽宁大梨树考察，确定了在王仲营村发展中药材五味子种植项目。2008 年开始种植五味子 150 亩。2010 年 4 月成立了北京王仲营五味子种植专业合作社。目前，该村共种植五味子 1200 亩，绝大多数都能挂果产出，部分进入盛果期（五味子盛果期在种植 7~8 年），其中合作社土地为 200 亩左右，进行统一管理，其余为农户自由土地，自行种植管理。收获晾干后，由合作社统一烘干，于冬季销往安国。

【生产效益】目前干果产量为 150~200 千克 / 亩，前几年收购价为 40~50 元 / 千克，2013 年降到 30 元 / 千克。种植五味子一次性苗木投入较高，为 800 元左右，但能种植约 15 年左右；有机肥和化肥投入为 450 元左右；年灌溉 45 立方米水，由村里统一进行；合作社的土地需人工 12 个，农户自有土地基本由农户自己管理。因此，该村种植五味子的亩收入能达到 4000 元以上。

道路隔离带

道路美化带

参考文献

［1］ 国家药典委员会.中华人民共和国药典（一部）[M].北京：化学工业出版社，2005.

［2］ 国家药典委员会.中华人民共和国药典（一部）[M].北京：化学工业出版社，2010.

［3］ 中国科学院中国植物志编辑委员会.中国植物志（1～80卷）[M].北京：科学出版社，1978—1999.

［4］ 李琳，王俊英，曹广才.药用植物金银花[M].北京：中国农业科学技术出版社，2012.

［5］ 段碧华，李琳，冯彩云.林下特色农业实用技术[M].北京：中国农业科学技术出版，2013.

［6］ 王俊英，邰玉钢.林药间作[M].北京：中国农业出版社，2011.

［7］ 朱莉，杨林，兰彦平.典型沟域产业融合技术[M].北京：中国农业科学技术出版社，2015.

［8］ 王俊英，宇振荣.北京农田景观建设[M].北京：中国农业出版社，2011.